国家科技支撑重点项目——"国家环境管理决策支撑关键技术研究"子课题

自然保护区监测、评估和优化布局技术研究

环境保护部南京环境科学研究所　编著

中国环境出版社·北京

图书在版编目（CIP）数据

自然保护区监测、评估和优化布局技术研究/环境保护部南京环境科学研究所编著. —北京：中国环境出版社，2013.4
　ISBN 978-7-5111-0860-9

　Ⅰ．①自…　Ⅱ．①环…　Ⅲ．①自然保护区—环境监测—研究—中国　Ⅳ．①S759.992

　中国版本图书馆 CIP 数据核字（2012）第 003088 号

　地图审图号：GS（2012）1447 号

出 版 人	王新程	
责任编辑	季苏园	
责任校对	唐丽虹	
封面设计	金　喆	

出版发行	中国环境出版社
	（100062　北京市东城区广渠门内大街 16 号）
	网　　址：http://www.cesp.com.cn
	电子邮箱：bjgl@cesp.com.cn
	联系电话：010-67112765（总编室）
	发行热线：010-67125803，010-67113405（传真）
印　　刷	北京中科印刷有限公司
经　　销	各地新华书店
版　　次	2013 年 4 月第 1 版
印　　次	2013 年 4 月第 1 次印刷
开　　本	787×1092　1/16
印　　张	12
字　　数	260 千字
定　　价	36.00 元

《自然保护区监测、评估和优化布局技术研究》

编写人员名单

主　编：王　智　徐网谷　蒋明康

前　言

建立自然保护区是保护自然生态环境、自然资源和生物多样性，维护国土生态安全的有效措施，是促进人与自然和谐，建设生态文明，实现经济社会全面、协调、可持续发展的重要保障。

经过 50 年的努力，我国已在全国范围内初步建成了一个分布基本合理、类型比较齐全的自然保护区网络，但由于众多因素的制约，自然保护区的管理严重滞后于发展的速度。随着我国自然保护区事业的重点从数量型向质量型转移，生态监管技术的研究和应用显得尤为重要。目前，我国自然保护区生态监管存在着监测技术手段落后、监测体系不健全、管理评估标准缺乏、保护区网络存在空缺等问题，迫切需要提出系统的自然保护区监测、评估和优化布局技术。因此，国家迫切需要解决的技术难点主要有：研究各类自然保护区生态监测指标体系与监测技术；提出国家级自然保护区网络优化布局方案，以规范和优化国家级自然保护区的建设；建立国家自然保护区信息平台，为国家自然保护区决策提供技术支撑。

生态监测是自然保护区管理有效性的重要体现，在维护国家生态安全中具有极为重要的意义，通过生态监测可以掌握生物多样性和自然遗产受威胁程度，特别是能够了解珍稀濒危动植物种群的动态变化。但是，由于自然保护区涉及野生动植物类型众多，几乎涵盖了所有的自然生态系统，而且保护区缺乏系统的生态监测指标和技术指导，这些都导致长期以来生态监测工作进展缓慢，保护区内的野生动植物生存状况及栖息地变化情况不明，缺乏科学数据支持，无法做出有利于生物多样性保护的科学决策，严重影响了保护区多重价值的发挥。

自然保护区信息平台是保护区科学规范管理的基础。从当前环境管理需求看，在宏观环境管理及社会公共信息共享方面都需要建立统一的自然保护区信息平台，从而可以为国家提供准确、系统、全面的自然保护区科学类据，是我国目前环境信息化建设中急需完成的任务。但是，由于多方面的原因，自然保护区信息仍然面临着难以利用、无法获得的困境。

合理的自然保护区网络布局不仅可以有效地保护自然资源和自然环境，而且有助于协调资源开发利用和保护的矛盾，促进国民经济的可持续发展。《生物多样性公约》缔约方大会第七次会议决议要求全球保护区达到的总体目标是：最迟于 2010 年在陆地，于 2012 年在海洋，建成全面的、得到有效管理和在生态上具有代表性的国家和区域保护区网络。而我国现有的保护区网络在生物多样性保护方面仍然存在着类型和空间结构上的空缺。

因此，开展自然保护区管理评估与网络优化布局研究，提出各类自然保护区生态监测指标体系与监测技术，建立国家自然保护区信息平台，制定国家级自然保护区网络优化布局方案，提出自然保护区管理评估标准，对于提高自然保护区的建设管理水平具有重要意义。

目　录

第1章 自然保护区生态监测

1.1 自然保护区生态监测概述

1.1.1 生态监测的定义与发展

随着人口的迅速增长，自然资源的掠夺式利用和生物多样性的丧失成为全球性问题。当今世界面临的人口、粮食、资源、能源、环境五大危机，无一不与生物多样性有关。生物多样性研究和保护因此成为全球关注的热点之一。

由于生态系统和功能的复杂性与生态过程的长期性，生态系统的演变规律往往需要在较大的时间和空间尺度上进行研究才能得以揭示，因此生态监测是生态学研究的一个有效方法。首先，由于长期生态过程常常隐含于"不可见的存在"（invisible present）中，短期研究不可能提示出数年或数十年的变化趋势，也不能解释这些变化的因果关系，因此必须依赖长期生态研究，如生态系统的动态与演替规律、生物对环境的适应性变化等，都需要长期观测才能提示其规律。其次，由于生态系统状态的变化往往涉及多个生态过程，因此许多现象的因果之间往往存在普遍的延滞效应，需要长时间才表现出来，如生态系统某个种群的数量动态变化可能通过食物链的多个营养级受制于环境，只有生态监测才能提示环境变化对它的真正效应。再次，由于环境因子变化与生态系统过程的相互关联性，有些生态学问题往往需要比较大的空间尺度，而在空间上景观尺度的扩展，往往会造成时间上的延滞，研究的尺度越大，相应的生态过程和反应时间也会越长。总之，当一种现象在小的时间尺度上无法预见或需要长期的观测来发现规律和寻求其发生的原因，并为制定政策服务时，生态监测就十分必要。

生态监测（ecological monitor），与长期生态研究（long-term ecological research）意义相近，即按照统一的设计，对生态现象和过程进行长时间的观测和研究。生态监测可以排除自然和人为干扰的不确定性，对于理解和预测那些较长时期内动态的和周期性的复杂现象和过程，如演替、气候变化和火灾等，具有重要的意义和作用。

生态学家很早就认识到了生态监测的重要性，但生态监测常常受到资金不足、地点变更、技术更新和实验设计变化等因素的影响，因而很难真正实施。20世纪以来，随着全球人口的不断增长和社会经济的飞速发展，人类对自然资源的掠夺式经营导致生态系统的退化以及自下而上环境的恶化，造成森林破坏、生物多样性丧失、水土流失、荒漠化、洪涝灾害、水体富营养化等一系列的生态灾害，威胁到了人类的生存和社会经济的可持续发展。在这些人类历史上前所未有的巨大挑战面前，人口、资源、环境和社会经济的协调发展问题成为全球关注的热点。因此，生态监测受到前所未有的重视，世界各国和生态学家开始积极建立长期研究站，开展长期定位生态监测，进一步形成比较完善的国家、区域和全球尺度的生态监测网络。

早在 1843 年，英国就建立了洛桑试验站（Rothamsted），是世界上开展长期试验研究持续时间最长的生态研究站。我国的内蒙古草原生态系统定位研究站建立于 1979 年，为我国温带典型草原植物群落的结构和组成、地上/地下生物量的动态变化连续积累了 20 多年的基本资料，提示了典型草原生态系统保持长期相对稳定性的功能群互补机制。

20 世纪 60 年代，以自然生态系统的物流和能流为主要研究对象的"国际生物学计划"（IBP），80 年代开始的"国际地圈与生物圈规划"（IGBP）进一步以协调人与自然关系、改善人类的生存环境为目标。这些网络研究已经或正在为人类合理利用资源、维护环境质量、实现可持续发展做出重要贡献。尤其在《生物多样性公约》提出在三大关键领域生物多样性识别、评价和监测，保护以及可持续利用后，国际上陆续提出了多个大的生态监测计划，许多国家和地区也相继建立了专门的生态监测网络，在研究资金、人员、设备等方面的相对稳定和大力投入，推动了生态监测在世界范围内的迅速发展，逐渐形成国家、区域和全球尺度的生态系统研究和观测网络。国家尺度的网络包括：美国的长期生态研究网络（LTER）、英国的环境变化研究监测网络（ECN）、中国的生态系统研究网络（CERN）、加拿大的生态监测与分析网络（EMAN）等；区域尺度的网络包括：泛美全球变化研究所（IAI）、亚太全球变化研究网络（APN）、欧洲全球变化研究网络（EN-RICH）、热带雨林多样性监测网络（CTFS network）等；全球尺度的网络包括：国际长期生态研究网络（ILTER）、全球环境监测系统（GEMS）、全球陆地观测系统（GTOS）和全球海洋观测系统（GOOS）等。不同的网络根据各自的联网研究和监测目标，针对不同生态系统研究和监测站的特点设计了不同的监测计划和监测指标。

我国高度重视生物多样性的调查和监测工作，有关部门、科研机构、高等院校、地方政府在自然保护区内开展了大量科学考察、调查和编目工作，出版了《中国动物志》、《中国植物志》等志书，收藏了大量生物标本，并建立了一些行业或区域性的监测机构。

到目前为止，由国家、区域、国际组织或重大项目支持的环境与生态系统监测与研究网络共有 90 多个。通过长期的监测和研究，这些监测站和网络取得了丰富的研究成果，为深入提示生态系统规律、全球气候变化、生物多样性等方面奠定了坚实的基础。

1.1.2 自然保护区生态监测的意义

近年来，我国的生态保护和建设得到显著加强，取得了一定成效，但生态破坏依然严重，环境形势严峻。表现在生态结构趋于单一，生态服务功能下降，生态系统更不稳定，生态环境更加脆弱，生物多样性锐减，自然灾害不断加剧，严重威胁到国家的生态安全。据估计，我国的野生生物以接近每天一个物种的速度走向濒危甚至灭绝，因此保护我国的生物多样性和拯救珍稀濒危物种，已到了刻不容缓的关键时刻。

首先，建设和管理自然保护区是生物多样性就地保护最有效的途径。我国最洁净的自然环境、最优美的自然遗产、最丰富的生物多样性、最珍贵的遗传资源、最关键的生态系统，都存在于自然保护区中。自然保护区作为宝贵的物种基因库、科学研究的天然实验室、开展环境教育的最佳博物馆，具有无法估量的经济价值、科学价值和生态价值。但是，当前我国自然保护区也面临着众多的环境问题，如环境污染、气候变化、外来物种入侵、生境破碎化、过度消耗和土地利用变化等对保护区内自然生态系统造成日益严重的威胁，给政策制定者和保护区管理者以及科学工作者提出了严峻的挑战。由于多数环境问题往往具有滞后性、长效性、广域性、连锁性、复杂性等特点，诸如酸沉降、杀虫剂、农药在自然生态系统中的迁移转化及其毒理以及土地利用方式的改变对生态系统的影响等都牵涉到多个生态过程，而且往往需要几十年后才可以观测到，短期难以确定其因果关系，这就使得获取长时间序列、大空间尺度的信息变得极为关键。其次，在自然保护区建设管理后，其所发挥的巨大生态效益、社会效益如何测算，生物多样性及自然资源的保护效果如何评估是关键性难题。这都需要通过生态监测才能对其进行科学判断，并为进一步研究提供可信的基础数据。第三，自然保护区生态监测是加强生物多样性与自然资源保护的基础工作和重要手段。通过生态监测，可以掌握生物多样性资源的现状与演变过程，分析生物多样性分布格局，识别主要威胁因素，对于生物多样性保护战略的制定和实施具有重要的意义。

近年来，《Nature》、《Science》等刊物多次发表全球和区域层次生物物种资源评估的方法与进展。目前已在全球尺度和多个区域研究了不同生物类群间物种多样性的关系，在大多数情况下发现各生物类群间物种丰富度呈正相关关系，因而可用一些指示物种的物种多样性代表其他生物类群的物种多样性，作为制定保护战略的依据。这种正相关关系往往在大尺度上成立，而在较小尺度上这种相关性较弱或是变成负相关关系。目前，我国已建立了 2 500 多个自然保护区，保存我国 70%以上的自然生态系统类型、超过 80%的野生动物和 60%的高等植物种类以及绝大多数自然遗迹，特别是 85%以上的国家重点保护野生动植物的主要栖息地得到了保护，大熊猫、朱鹮、亚洲象、扬子鳄、珙桐、苏铁等一些珍稀濒危物种的种群呈现了明显的恢复和发展趋势。因此，建立自然保护区生态监测网络并实施监测，将有效覆盖绝大多数的生物多样性热点地区，能够在大尺度上分析我国生物多样性的分布格局，对于制定科学的国家自然保护战略，实施生物多样性保护计划具有重要作用。

国际上也高度重视保护区的生态监测。《生物多样性公约》第 7 条要求每一缔约国（a）查明对保护和持续利用生物多样性至关重要的生物多样性组成部分；（b）通过抽样调查和其他技术，监测依照以上（a）项查明的生物多样性组成部分，要特别注意那些需要采取紧急保护措施以及那些具有巨大持续利用潜力的组成部分；（c）查明对保护和持续利用生物多样性产生或可能产生重大不利影响的过程和活动种类，并通过抽样调查和其他技术监测其影响；（d）以各种方式保存并整理依照以上（a）、（b）和（c）项所获得的数据。第 9 条（c）款要求每一缔约国采取措施，恢复和复原受威胁物种并在适当情况下将这些物种重新引进其自然生境中。第 26 条规定，每一缔约国应定期（每四年）向缔约方大会报告本国生物多样性的现状和变化情况及生物多样性保护的成效。鉴于生物多样性对人类生存和发展的重要作用以及其丧失的严峻局面，2002 年召开的《生物多样性公约》第六次缔约方大会确立了 2010 年生物多样性目标，将保护区指标作为其重要组成部分，并成立了专门的工作组予以推动。2005 年召开的联合国首脑会议，将 2010 年生物多样性目标作为新的内容纳入了"千年发展目标"。美、英等各国将生态监测作为一项基础性工作，在保护区内实施了一系列的监测计划，并根据监测结果实施了一系列濒危物种拯救计划。与国际上对生物多样性保护的要求相比，我国还面临资源本底不清、变化不明，技术方法和手段落后等问题，这对我国有效履行上述国际义务十分不利。

因此，开展自然保护区生态监测，为理解和预测那些较长时期内动态的和周期性的复杂现象和过程（如气候变化、火灾、污染、生境破碎化、土地利用变化等）对自然生态系统和生物多样性的影响奠定基础，对于科学制定生物多样性保护政策，切实履行相关国际义务，大幅度降低我国生物多样性丧失的速度具有重要的意义和作用。

1.1.3　自然保护区生态监测的目标

监测与调查是很容易混淆的两个概念，两者看似意义非常相似，需要予以严格界定。实际上，两者有较大差别。在《现代汉语词典》中，监测是监视检测；调查是指为了了解情况进行考察。因此，调查可能是为了某原因开展的一次或者多次的考察，其调查内容和方法可能不一致，数据格式和调查时间可能存在着随意性。而监测需要长期持续开展，调查内容和技术方法应一致，数据格式和质量必须规范统一。

自然保护区生态监测必须在自然保护区内开展，以该区域典型生态系统或生物多样性为研究对象，一般要求具有固定的研究人员、研究样地、研究设备、研究能力以及稳定的经费来源等，为长期研究计划提供保证。因此，自然保护区管理机构是执行长期生态监测计划的真正实体。在开展自然保护区生态监测时，必须考虑到监测指标和技术方法应便于保护区管理人员掌握和使用，考虑到自然保护区的特点和实际需要。

基于以上分析，自然保护区生态监测是指针对自然保护区的特点，选择适合自然保护区管理人员应用的监测规范，采用统一的动植物调查方法，对自然保护区内生态系统、生物及其栖息地开展的长期定位观测。主要研究内容包括：

（1）主要动物种群和植物群落的结构、组成及区系成分以及物种多样性变化规律；

（2）生境变化、环境污染、人类活动对一些生物多样性热点地区的主要动物种群和植物群落、植被类型以及多样性特征的影响；

（3）若干动植物种群和特定分类群的大尺度分布格局；

（4）主要动物种群和植物群落类型的结构和物种多样性特征的地理分异；

（5）水源涵养、土壤质量等生态系统服务功能评估；

（6）评估中国生物多样性变化趋势。

因此，自然保护区生态监测的目标为：通过对保护区内生态系统中反映生物状况的重要参数（如动植物种类组成及数量、径级、高度等）和关键生境因子的长期观测，经过质量控制系统的审核、筛选，获得质量可靠、规范和具有良好可比性的生物多样性动态信息，揭示各类生态系统中生物群落的变化规律，与环境因子的监测数据相结合，利用遥感、地理信息系统和数学模型等现代生态研究手段，探讨有关生态过程变化的机制，掌握生物多样性资源的现状与演变过程，分析生物多样性分布格局，识别主要威胁因素，为深入研究并揭示我国主要生态系统的结构、功能和动态的途径和方法及其与环境变化、人类活动的关系提供数据服务，对于生物多样性保护战略的制定和实施具有重要的意义。

1.1.4　自然保护区生态监测的特点

自然保护区生态监测是通过对保护区内生态系统中重要生物组分的长期、持续监测，对生态系统中复杂、缓慢变化的现象和过程开展研究。这就决定了自然保护区生态监测具有以下特点：

（1）监测指标的易测性。自然保护区生态监测需要长年累月深入保护区，有着大量细致艰苦的工作，必须依靠保护区管理人员方能顺利开展，并且长期坚持。但是，自然保护区的科研监测设施设备比较简陋，经费匮乏，人员科研素质不足，缺乏开展深入研究的能力和条件，难以开展复杂的监测项目。因此，监测指标应该简单、易测，监测技术方法应该尽可能实用、易操作。

（2）监测的非破坏性。《自然保护区条例》规定，经批准自然保护区的核心区和缓冲区内只许从事科学研究观测活动，实验区可以从事科学试验、教学实习、参观考察、旅游以及驯化、繁殖珍稀、濒危野生动植物等活动。因教学科研的目的，需要进入自然保护区的缓冲区从事非破坏性的科学研究、教学实习和标本采集活动的，应当事先向自然保护区管理机构提交申请和活动计划，经自然保护区管理机构批准，并将其活动成果的副本提交自然保护区管理机构。同时，禁止在自然保护区内进行砍伐、放牧、狩猎、捕捞、采药等活动。考虑到自然保护区的特殊性，生态监测必须坚持不得损害自然保护区内自然资源和自然环境，不得破坏生物多样性的原则。

（3）监测对象的代表性和固定性。自然保护区生态监测的对象应该是保护区的旗舰物种、珍稀濒危物种、特有种、指示物种、外来入侵物种及典型自然生态系统。野生动植物通常应用样地样线法开展调查监测，因此样地样线应该选取能够代表区域空间尺度上典型的生态系统类型的区域。另外为了满足时间上的延续性，样地的选择要有足够大的面积而且相对固定，以便能够长期在同一样地内重复观测和取样。

（4）时间、空间尺度上的扩展性。一个单独观测研究点的结果常常具有某种程度的不确定性和空间尺度上的局限性。因此，自然保护区生态监测往往开展多个观测点的联网观测，并将不同观测点之间的数据和结果加以整合。通过建立自然保护区生态监测网络，其空间尺度可以从单个自然保护区扩展到全国范围，可以包括不同的气候带和不同的生态系统类型。而且，自然保护区生态监测一般是针对特定生态系统过程进行长时间的持续观测和研究，往往将时间尺度扩展到数年、数十年乃至数个世纪。

（5）监测数据的规范性与共享性。为了保证数据的可比性，自然保护区生态监测一般要求监测内容和方法在时间上和站点间保持一致。此外，自然保护区生态监测往往要求数据格式在时间序列上和站点间规范、统一，并有一套严格、统一的数据质量控制程序，以保证数据的准确性和可比性，并要求实现数据共享。

1.1.5　国内外研究进展

自然保护区是生物多样性最为集中的区域，其有效管理已成为全球生物多样性保护的焦点。世界上一些国家建立了保护区（国家公园等）生态监测网络，制定了完善的监测技术与方法，实施了自然保护区生态监测计划，开展了一系列濒危物种拯救计划，评估了保护区内生物多样性资源的现状、变化趋势以及保护政策和管理措施的实际效果，对全球生物多样性的保护与可持续利用发挥了重要作用。现将保护区生态监测方面国内外技术现状和发展趋势叙述如下。

1.1.5.1 生态监测网络

从全球范围来看，国际上对生态监测工作高度重视，美国等国家相继投入巨资组成监测网络。一些国际组织如国际生物联合会（IUBS）、环境问题委员会（SCOPE）和联合国教科文组织（UNESCO）等积极致力于开展全球生物多样性监测，Hsonian Institution 和 The Nature Conservancy（TNC）等在南美洲开展了若干生物多样性动态监测项目，为全球生物多样性的保护与持续利用提供基本的科学依据。许多国家在法律中规定，应定期或不定期地对保护区域内的生物多样性和自然环境状况进行调查监测，以掌握物种和自然环境的变化情况，从而为自然保护政策的制定提供坚实的基础。

1971 年联合国教科文组织（UNESCO）实施了"人与生物圈（MAB）研究计划"，构建"世界 MAB 保护区网络"并长期开展监测，我国已有 33 个保护区加入了该网络。欧盟根据《野生鸟类保护法令》及《自然栖息地和野生动植物保护法令》的规定，将生态监测作为一项法定的基础性工作来抓，规定应对受保护的栖息地和物种进行监测，并定期报告监测结果。法国、德国、西班牙开展了鸟类监测计划，瑞士、匈牙利实施了生物多样性监测系统，立陶宛开展了植被和野生动物监测计划。加拿大实施了国家公园生态系统监测计划、陆栖鸟类监测计划、地区和国际海鸟监测计划。日本政府根据《自然环境保全法》第 4 条要求每 5 年对地形、地质、植被和野生动物进行一次基础调查监测，迄今已进行了 6 次基础调查监测。为加强对自然公园的保护，环境厅曾在 1994 年重新对公园区域和公园计划进行了检讨。对于已经检讨过的公园，每隔 5 年还将进行一次公园区域和公园计划的监测。英国组织实施了 90 余项监测计划，在各类监测计划广泛采用分层抽样技术和"3S"技术、数据库、信息网络等技术。监测数据可以解释种群的变化，包括生存、繁殖、扩散等参数以及一些威胁因素如污染等。这些监测有 40～50 年的历史，涵盖 3 000 多个物种，并建立了国家生物多样性信息网络。

我国也开展了大量的生态监测。我国已先后连续 6 次进行了全国森林资源清查，林业部门在全国设置了大量固定样方和临时样方，如 1989—1993 年设置了 33.3 万个样方，并在第六次全国森林资源清查中广泛运用了"3S"技术，实现了全国森林资源的连续监测。国家林业局从 1995—2003 年组织开展大规模的全国湿地资源调查，调查了全国湿地高等植物的区系组成、珍稀湿地植物及其分布以及两栖类、爬行类、鸟类、兽类和鱼类资源的区系组成、珍稀种类、地理分布和栖息地状况。自 20 世纪 90 年代中期，国家林业局分别组织开展了野生动物资源调查和野生植物资源调查，掌握了消耗和濒危程度较高的 252 种野生动物和 189 种国家重点保护野生植物的种群数量、分布、栖息地状况及主要受威胁因子，在物种分布、数量、生物学习性、调查方法等方面积累了珍贵资料。自然保护区是开展这些监测工作的重要区域。我国在 20 世纪 70 年代、80 年代、1999—2003 年底分别组织了三次全国大熊猫调查。通过这些调查和监测，初步掌握了我国野生动植物和生态系统的分布特点，得出了一些重要结论，在国内外引起了广泛关注。

中国科学院 1988 年组建了由 33 个生态定位站构成的中国生态系统研究网络，其中长白山、东灵山、神农架、古田山、鼎湖山、西双版纳、九连山等多个生态系统监测大样地均建立在自然保护区内，在生态监测方面积累了一定的经验。如建立于 1955 年的沙坡头沙漠研究试验站就位于国家级自然保护区内，长期致力于防沙固沙理论与工程的研究，在沙漠植物的研究、沙漠缘区的固阻、沙漠铁路防护林的建立等方面取得了许多重要成果。我国森林生态系统定位研究网络（CFERN）起步于 50 年代末 60 年代初，由分布于不同气候带的 15 个森林生态定位站组成，大多分布在自然保护区内。我国已建立国家级自然保护区 300 多个，大部分国家级自然保护区拥有一定的监测能力，部分开展了长期的生态监测工作，尤其是对大熊猫等旗舰物种的监测已达到国际领先水平。

1.1.5.2　生态监测技术

科学、高效、统一的监测标准是开展生态监测的关键。目前，动物物种资源监测传统上采用的方法主要有样线法、样点法、标记-重捕法等，有时针对一些不同的对象还采用直接计数的方法统计动物的种类和数量，如鹤类调查、迁徙鸟类调查等。近些年新发展的大尺度物种监测技术，则采用卫星遥测、GIS 技术结合动物的栖息地、分布等数据，利用空缺分析对动物资源及其分布进行监测。植物物种资源的监测，传统上采用样方法和样带法，调查植物物种的种类和数量特征。

近年来，随着科学技术的不断发展，以 GIS 为核心的"3S"技术在物种资源动态监测与保护管理中显示出更加重要的作用。通过对空间数据的实时采集、更新、处理、分析，将复杂的属性数据和空间数据置于同一坐标系统中，并通过对各种信息的综合和整理，完成生物多样性现状分析、濒危物种的栖息地管理、潜在栖息地分析、物种灭绝热点地区分析、优先保护区域划定等目标，为保护区的规划和设计，以及大尺度上的野生生物资源管理提供了有力的手段。国内的学者已经开始对"3S"技术表现出了浓厚的兴趣，并尝试应用其中的一些技术（主要是 GIS 技术）。

国内外已有很多利用卫星图像帮助进行生物多样性监测的成功案例。如 Tuomisto（1998）结合指示种的方法，对秘鲁亚马逊流域的生态系统类型及物种多样性状况进行了研究，得到了前所未有的结果；Platt 等（1993）对美国马克吐温国家森林（Mark Twain National Forest）进行的监测等（Heywood，1995）。Mnason 等（2004）利用地理信息系统（GIS）计算生境喜好指数（habitat preference index，HPI），评价了黑猩猩的生境状况；欧阳志云等（2001）、陈利顶等（1999）、肖燚等（2004）在 GIS 支持下对大熊猫生境进行了适宜性评价；李贺鹏等通过对自 1997 年以来不同时期遥感影像的解译分析，定量分析了九段沙保护区内互花米草种群的时空分布格局。总的来说，"3S"技术在生物多样性监测方面的应用进展是可喜的，但"3S"技术要真正在中国生物多样性的管理决策上发挥作用，仍有许多问题值得探讨。

一些国家十分重视生态监测相关技术标准研发。英国制定了地衣、苔藓、维管束植物、两栖爬行类、鱼类、鸟类、陆生动物等多种生物类群以及湿地、低地、河流、高地、林地、海洋等多种生态系统类型的监测技术规范。新西兰制定了湿地状况监测手册。而国内开展生物多样性方面的监测工作时间相对较晚，正处于一个积极发展阶段，现在主要是在全国的许多保护区实施，如国家海洋局制定了海洋自然保护区监测规程，国家林业局制定了全国湿地资源调查与监测技术规范、全国野生动物资源调查技术规范、大熊猫保护区监测规程等。目前，我国对自然保护区生态监测研究正处于探索阶段，缺乏统一规范的标准和技术方法。

1.1.6　有待解决的问题

多年来，我国已经开展了大量的自然保护区生态监测工作，积累了丰富的资料数据，建立了一批研究试验基地，为生物多样性保护奠定了较好的基础。但是，我国自然保护区生态监测还处于刚刚起步的阶段，监测体系不健全、监测技术手段落后、监测标准缺乏、监测数据没有得到充分利用，造成在实际工作中不能准确、及时地掌握保护区内生物多样性的动态变化，难以发现和预防各类开发活动、新化学物质、外来入侵物种对生物多样性构成的威胁。这些问题严重制约了我国自然保护区生态监测工作的全面开展和监测能力的进一步提高。

（1）监测指标和技术方法差别巨大，缺乏统一规范。长期以来，我国缺乏统一的自然保护区生态监测技术规范及标准，对现有技术缺乏系统、科学的研究，对国外先进技术跟踪、引进、消化吸收的力度不够，核心技术的储备不足。在监测指标方面，我国缺乏科学性、有效性、实用性都较强的指标体系，导致监测信息不足以代表所监测区域生物多样性资源的分布和特点。在数据质量管理方面，缺乏统一的监测操作规范、数据内容标准、质量控制规范。

从国内已开展的工作来看，许多现代化的技术和手段，还没有在生物多样性的监测中发挥作用。全国性的自然保护区生态监测尚未系统开展，多数工作尚属研究性质，常规的生态监测工作尚在起步和酝酿中，亟待开发和实施。目前，特别需要一套操作性强的指标体系和方法，以便大范围普遍开展自然保护区生态监测工作。

（2）生态监测数据没有得到充分利用。由于生态监测指标、技术方法和数据处理不规范，数据格式不统一，造成数据资源不能共享，无法在国家层次上对所有相关自然保护区调查和监测信息实行整合和集成。这在一定程度上造成了重复投入和资源浪费，不能充分发挥现有研究成果对管理能力的支撑作用。在现有的各类监测体系中，由于部门、地区的条块分割以及缺乏统一的技术标准和规范，造成不同行业、不同地区监测资源、监测数据共享的困难，也造成监测数据集成和深度开发的困难。

（3）监测体系不健全。长期以来，我国对生态监测的重要性认识不够，投入不足，保护区的科研监测功能远未发挥，还未形成全国性的自然保护区生态监测体系，监测能力非常薄弱，不能实时掌握野生动植物资源及其栖息地动态变化情况，导致对生物多样性的系统监测与动态分析不足，各级政府在制定生物多样性保护和合理决策时缺乏科学依据。我国虽然建立了一些行业或区域性的监测机构以及监测网络，但至今尚未建立全国性的自然保护区生态监测体系。

（4）缺少长期生态监测、资源动态变化不明。20世纪50年代以来，我国在自然保护区内开展了大量的生物资源调查工作，到80年代末大规模的生物资源调查工作已基本结束。这类工作主要是以调查为主，仅局限于部分野生动植物，对其他大量野生动植物的分布现状、种群数量和变化趋势仍然不清楚，一些地区和一些生物门类并没有开展任何调查，资源本底不清，真正意义上的生态监测开展较少。

此外，近年来我国大规模的开发建设活动和气候变化导致物种栖息环境发生了明显改变，有的物种在原栖息地已消失，有的物种分布范围缩小，有的甚至可能在我们认识它之前已在我国的国土上消失，而我们对这些情况掌握得很不够。这不但不利于生物多样性的保护，也不利于大量有潜在经济利用价值的生物资源的开发利用。

综上所述，针对当前自然保护区生态监测存在的技术方法落后、监测体系不健全等问题，目前急需开发科学性和可操作性强的自然保护区生态监测指标体系和技术规范。通过本课题的研究，将建立一整套自然保护区生态监测标准体系，突破制约生态监测的一大技术"瓶颈"，这对提升国家生物多样性监测和保护能力具有重大的意义。

1.2 生态监测的一般性规范

一般而言，自然保护区生态监测的执行包括五个步骤：1）制订长期监测的目标和实施计划；2）确定监测内容与方法；3）建立监测样地、样线及取样设计；4）实地监测；5）数据质量控制与数据填报。因此，为了保证自然保护区生态监测数据的准确性和可比性，需要对以上每一个过程制定统一的规范（图1-1）。

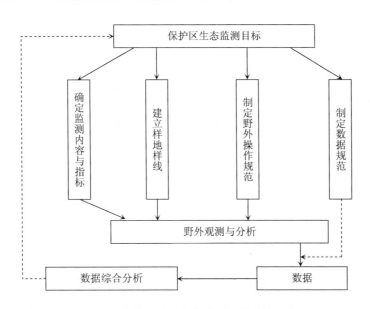

图 1-1　自然保护区生态监测规范系统示意

1.2.1 监测指标与监测方法选择规范

1.2.1.1 选择原则

监测指标是监测工作的纲，直接决定监测工作的意义大小甚至成败，因此监测指标体系的制定对长期监测至关重要，必须本着科学的态度严肃认真选择。一般而言，必须组织多学科的专家反复讨论、论证。监测方法是广义的概念，包括监测频度、监测时间、具体监测方法等。许多项目的监测方法往往不止一种，因此就有一个方法选择的问题。由于生态监测的核心是需要长期坚持，很容易因为资金、技术人员的不稳定而中断。因此，自然保护区生态监测的方法与短期调查区别较大，需要注意以下原则：

（1）紧扣自然保护区特点，选择体现生物多样性和自然环境变化的监测指标。监测指标的选择必须以保护区生态监测的目标为依据，指标应该选择保护区内生态系统中反映生物状况的重要参数（如动植物种类组成、数量以及乔灌木径级和高度等）以及关键生境因子。

（2）生态监测具有大时间尺度的特点，尽可能选择具有长期监测意义的指标。有些指标虽然很重要，但在大的时间尺度上意义不大，则不宜选择；有些指标短期监测可能意义不大，但对提示生态系统长期的动态变化十分关键，则应选入。

（3）优先考虑易实施、可操作性强的监测项目。考虑到监测人员素质参差不齐，为了确保监测内容的时间延续性，便于保护区管理人员和科研人员开展工作，保护区生态监测指标和监测方法应尽可能选择简单、可靠、容易实现的指标和方法，以避免因经费、人为方面的原因使监测计划中断。因此过于复杂或者需要昂贵经费支持的方法不宜采用。

（4）标准性原则。为了监测方法的统一以及数据的可比性，应尽可能选择国标或普遍采用的方法。不成熟的、处于实验阶段的方法不宜采用。

（5）样地样线保护原则。为了确保样地样线的长久性，加上法律对自然保护区的严格限制，应尽可能选择对样地样线及野生动植物干扰和破坏较小的指标，许多对样地样线破坏性大的指标虽然具有重要监测意义，也应该避免选择或者限制其监测强度。

1.2.1.2 监测对象

自然保护区生态监测首先应该选择监测对象。每个保护区应当根据自己的特点和实际情况，并结合保护区主要保护对象、保护目的，确定选择适合的监测对象，从而确定监测指标和监测方案以开展长期生态监测。一般来说，监测对象是自然生态系统或珍稀濒危物种。如果建立保护区的目的是为了保护典型的生态系统类型或是恢复被破坏的生态系统，建议对典型的、特殊的植被类型或生态系统的指示种进行监测。对于以保护某种珍稀、濒危物种为目的的野生生物类型保护区，被保护的种类理所当然应该是进行监测的对象。

具体来说，自然保护区生态监测的主要对象是：

（1）生态系统：保护区典型的、特有的、重要的生态系统或植被类型，特殊生境的植物群落等。

对于生态系统监测，应体现多样性、代表性原则，同时考虑濒危性、特有性。监测类型尽可能涵盖保护区内典型的以及特有濒危的生态系统，在力所能及的情况下尽可能地开展更多的监测工作。

（2）物种：旗舰物种、珍稀濒危物种、特有种、指示物种、外来入侵物种等。

其中，植物主要有珍稀濒危植物、国家重点保护野生植物、关键种、指示种、旗舰种、特有种、具有重要科学研究价值、经济价值的种类等。动物主要有兽类、鸟类、两栖类、爬行类等。

对于物种的监测，应该参照以下标准进行选择：（1）国家重点保护野生动植物及各省确定的重点保护动植物；（2）IUCN 红色名录和 CITES 公约、《中国濒危动物红皮书》、《中国物种红色名录》、中澳及中日候鸟保护协定等所列入的物种；（3）易于野外识别和观察的常见种。为方便起见，将旗舰物种、珍稀濒危物种、特有种、指示物种、外来入侵物种简称为关键物种（关键植物、关键动物）。

1.2.1.3　监测内容概述

监测内容主要有：

（1）植被类型、面积与分布。通过对该指标的观测，可以从区域尺度了解植被分布的变化，并借以了解环境和土地利用的变化。由于荒漠和沼泽生态系统对环境的敏感性，该指标对荒漠和沼泽生态系统尤其重要。

（2）生境要素。用于了解生物生长环境的必要信息，如土壤状况、水分状况、群落类型、人类活动等，为解释植物生长状况提供必要信息。

（3）植物群落种类组成与分层特征。植物作为生态系统的生产者，其种类组成与生物量是反映整个生态系统的种类组成、结构与功能特征的关键指标。

（4）群落动态与树种更新。用于了解自然生态系统的结构特征和演替趋势。

（5）物候。用于了解植物生长发育期与环境的关系，可以反映环境的变化。

（6）植物空间分布格局变化。即生态系统内部的植物空间分布信息，由于荒漠和沼泽生态系统对环境的敏感性，该指标对荒漠和沼泽生态系统尤其重要。

（7）动物种类、数量及活动范围。动物作为生态系统的消费者，其种类组成也是反映整个生态系统的关键指标。对沼泽生态系统而言，迁徙鸟类常常作为沼泽生态系统保护状况的参照。

监测调查数据记录方式主要有：（1）文字记录。包括制定各种表格和描述性文字记录；（2）野外音像记录。包括录音，调查员快速口述/动物鸣叫；照相/显微照相；摄像等方式。

1.2.2　样地的选择标准

为了调查数据的可靠性，样地选择必须非常慎重，要注意下列原则：1）样地要设置在所调查生物群落中心的典型部分，避免选在两个类型的过渡带；2）种类成分的分布要均匀一致；3）群落结构要完整，层次要分明；4）样地条件（特别是地形和土壤）要一致；5）样地、样线应当覆盖保护区中的主要生境和植被类型；6）对于森林群落而言，样地常常只相当于一个样方，因此样地面积不能小于群落最小面积。

对于自然保护区而言，应以 1∶25 万电子地图为基本工作图，借助 GIS 软件，按照机械布点的方法，将其划分为若干个 1 km×1 km 的网格，原则上每个网格内都应设有一个样地。

1.2.2.1　生物群落调查方法

植物群落调查常用的取样方法有样方法、0.1 hm² 样地法、相邻样方格子（样带）法、样线法、点-四分法、随机成对法和徘徊四分法等。对于固定样地上的长期监测而言，植物群落调查一般采用样方法。动物群落的调查方法随着动物种类和调查项目的不同而相差很大，但一般沿着一定的路线进行调查。

1.2.2.2　样方法

样方法是生物群落学调查的基本方法，自然保护区生态监测中所有植物指标均应采用样方法进行调查。样方，是指用测绳（带有米刻度的绳子）围成一定面积的正方形或长方形地块，其中以正方形为佳。

为了保证调查数据能充分反映植物群落的基本特征，同时又不至于造成人力、物力的浪费，在取样之前必须确定适合于所调查群落类型的样方大小和样方数，以及合理的样方设置方法。样方的设置主要有机械和随机两种方法，一般采用随机法（包括简单随机法、分层随机法等）进行设置。

样方大小一般应略大于群落最小面积。实际操作中一般采用的样方面积为：热带森林 40m×40m，亚热带森林 30m×40m，温带森林 20m×30m，灌丛 5m×5m，草本植物 1m×1m，人工林和经济林 20m×20m，果园 10m×10m。

为了尽可能减少取样误差，获得相对准确的数据，取样样方除了需要达到足够大小外，还需要达到足够数量。最少样方数的大小与群落异质性以及所要求的置信区间大小密切相关。一般而言，群落异质性越大，需要的样方数越多；所要求的置信度越高，需要的样方数越多。最小样方数的确定可以通过统计学方法估算，也可以通过绘制平均值与样方数的相关曲线来完成，曲线摆趋于平缓时的样方数就是最小样方数。自然生态系统一般至少需要 10 个重复，农田不少于 5 个重复。

1.2.2.3 样线法

样线法是在需要进行调查的生物群落分布地段内，用测绳拉一直线作为采样基线，然后沿基线用随机或系统取样选出待测点（起点）进行调查的一种采样方法，也是生物群落调查常用的一种方法。动物的调查一般采用样线法。根据动物调查的要求，样线的长度一般为 1km。如果由于地形的影响，样线无法达到 1km 的长度，可以采用多样线法。所谓多样线法是指多条相互平行的样线，但样线之间应至少相隔 30m。

1.2.3 遥感监测

应尽量收集和利用自然保护区的各类数据资料，包括地形图、高分辨率遥感卫星图片、功能区划图、植被分布图、地质、气候、水文、土壤等基础资料以及相关文献，尤其是近期的高分辨率遥感卫星图片，可初步判断出自然保护区土地利用类型、植被分布范围、交通线路、居民点分布等情况，为保护区生态监测提供依据。主要监测内容有：

（1）土地资源利用类型：必须反映自然保护区内土地资源的情况，包括自然保护区范围内的耕地、林地、草地、水域（指人类利用的池塘、水库、盐田等）、居民用地、工矿用地、未利用地（荒漠、滩涂、盐碱地等）以及工矿企业等要素。

（2）交通线路：必须全面反映整个自然保护区及周边地区的交通线路，包括道路、铁路、航道等。

（3）地形地貌：必须全面反映自然保护区的地形地貌特征，包括等高线、高程点、山峰、河流水系、湖泊、海洋等要素。

（4）植被分布：必须全面反映自然保护区内主要植被类型和野生植物的分布情况。

1.2.4 气象、水文水质监测

自然保护区的气候、水文水质等资料可以从附近的气象站、水文站等处收集，但应注明资料年份和该站的地理位置。有条件的自然保护区可以开展此类监测。

　　各自然保护区可以根据自身特点和监测需要，适当选择相应的监测指标。水文水质主要指标有地表水深、水位、流速、径流量、地下水位、水温、浊度等，原则上每 5 年系统监测一次，监测指标和具体测定方法见表 1-1。气象主要指标有降雨量、气温、地温、气压、空气湿度、风、蒸发量、日照、辐射等，原则上每日监测，具体指标和监测方法见表 1-2。

表 1-1　自然保护区水文水质指标与观测方法

观测指标	观测方法和技术	计量单位	观测频率	引用标准
地表水位	自记水位计和水尺	mm	1 次/d	
流速	流速仪	$m \cdot s^{-1}$	1 次/d	
径流量	三角形量水堰测流法	$L \cdot s^{-1}$	1 次/d	
地下水位	自记水位计测量或人工测量	mm	1 次/d	
地表水深	测深杆、测深锤	mm	1 次/d	
蓄水量		万 m^3		
水源补给类型	观察或收集有关资料			
水源流出状况	观察或收集有关资料			
水温	水温计	℃	4 次/d	GB 13195—91
浊度	分光光度法和目视比浊法	度	在枯水期、丰水期和平水期各观测一次	GB 13200—91
透明度	塞式盘法	cm		
pH 值	玻璃电极法或采用野外 pH 计和精密 pH 试纸测定			GB 6920—86
碱度	酸碱指示剂滴定法或电位滴定法	$mg \cdot L^{-1}$		
溶解氧	碘量法或电化学探头法	$mg \cdot L^{-1}$		GB 7489—87 或 GB 11913—89
矿化度	质量法、电导法等	$mg \cdot L^{-1}$		
总氮	紫外分光光度法	$mg \cdot L^{-1}$		GB 11894—89
磷酸盐	磷钼蓝分光光度法	$mg \cdot L^{-1}$		GB/T 8538—95
化学需氧量	重铬酸钾法	$mg \cdot L^{-1}$		GB 11941—89
总有机碳	燃烧法、气相色谱法等	$mg \cdot L^{-1}$		

表 1-2　自然保护区气象指标与监测方法

观测项目	观测指标	观测方法和技术	计量单位	准确度	观测频率	观测时间
气压	气压 P_a	动槽式或定槽式水银压力表	hPa	±0.3Pa	4 次/d	北京时间 02、08、14、20 时观测
大气温度指标	气温 T	干湿球温度表和气温计	℃	0.1℃	4 次/d	北京时间 02、08、14、20 时
	最高气温	最高气温表	℃	0.1℃	1 次/d	北京时间 20 时
	最低气温	最低气温表	℃	0.1℃	1 次/d	
降水量	降水量 R	雨量器、翻斗式遥测雨量计或虹吸式雨量计	$mm \cdot d^{-1}$	±0.1 mm（$R<$10mm）；±2%（$R \geqslant 10mm$）	4 次/d	北京时间 02、08、14、20 时

观测项目	观测指标	观测方法和技术	计量单位	准确度	观测频率	观测时间
相对湿度	相对湿度 f	干湿球温度表和湿度计	%	取整数	4 次/d	北京时间 02、08、14、20 时
蒸发量	蒸发量 E	小型蒸发器和 E-601 型蒸发器	mm	±0.1 mm（$E \leqslant$ 10 mm）；±2%（$E >$ 10 mm）	1 次/d	北京时间 20 时
风速	风向 W	电接风向风速计或达因式风向风速计	(°)	十六方位法计算	4 次/d	北京时间 02、08、14、20 时
	风速 v	电接风向风速计或达因式风向风速计	m·s^{-1}		4 次/d	
日照	日照时数	暗筒式或聚焦式日照计	h	±0.1 h	1 次/d	真太阳时的日出到日落
辐射	总辐射 E_g	总辐射表	W·m^{-2}	±5%	1 次/d	地方平均太阳时的日出到日落
	净辐射量 E	DFY-5 型或 TBB-2 型净辐射表	W·m^{-2}	±10%	1 次/d	地方平均太阳时的 24 h
	散射辐射 E_d	散射辐射表	W·m^{-2}	±10%	1 次/d	地方平均太阳时的日出到日落
	反射辐射 E_r	总辐射表	W·m^{-2}	±5%	1 次/d	地方平均太阳时的日出到日落

1.2.5　相关术语定义

1.2.5.1　群落的最小面积及其确定

群落的最小面积是指基本上能表现出群落特征（如植物种类）的最小面积。在野外调查时，如果样方远远超过最小面积当然好，但是工作量大；如果样方小于最小面积则不能充分反映该群落的特征。因此调查前应该首先求出该群落的最小面积，根据最小面积确定样方大小。群落最小面积的确定一般采用"种-面积曲线法"。

最小面积的大小与群落组分种的生活型和物种多样性有关。一般而言，热带雨林最小样方面积为 2 500～4 000 m^2，常绿阔叶林为 400～800 m^2，落叶阔叶林为 200～400 m^2，针叶林 200～400 m^2，灌丛幼年林为 100～200 m^2，高草群落为 25～100 m^2，低草群落为 1～2 m^2。

1.2.5.2　群落优势种及其确定

群落优势种是指对群落结构和群落环境的形成有明显控制作用的植物种。它们通常是那些个体数量多、盖度大、生物量高、体积较大、生活能力较强的植物种类。优势种对整个群落具有控制性影响，如果把群落中的优势种去除，必然导致群落性质和环境的变化。群落的不同层次可有各自的优势种，比如森林群落中，乔木层、灌木层、草本层和地被层分别存在各自的优势种，其中优势层的优势种（森林为乔木层）常称为建群种。如果群落中的优势种只有一个，则称为单优势种群落。如果有两个或两个以上的优势种，就称为多优势种群落。

群落优势种是根据植物的数量特征及其在群落中所起的作用来确定的。一般通过计算每种植物的优势度或重要值后排序确定。推荐采用种群重要值确定优势种。重要值是相对密度、相对显著度（或相对投影盖度）以及相对频度三者之和。

$$相对密度(D_r) = \frac{D(某个种的密度)}{\sum D(群落全部种的总密度)} \times 100\%$$

$$相对显著度(P_r) = \frac{P(某个种的断面积)}{\sum P(群落全部种的总断面积)} \times 100\%$$

$$相对投影盖度(C_r) = \frac{C(某个种的投影盖度)}{\sum C(群落全部种的总投影盖度)} \times 100\%$$

$$相对频度(F_r) = \frac{F(某个种的频度)}{\sum F(群落全部种的总频度)} \times 100\%$$

重要值（I_v）=D_r+P_r+F_r（适用于森林乔木层）

重要值（I_v）=D_r+C_r+F_r（适用于灌木和草本层）

判定方法为：对群落各植物种的重要值从大到小进行排序，从前往后依次累加重要值，重要值之和超过群落所有植物种重要值总和的 50%时的所有前排植物种定为优势种。对于森林生态系统，需要按乔木层、灌木层、草本层分别确定各层优势种。

1.2.5.3　植物群落的分类与命名

由于植被的区域性以及各学派学术观点的差异，关于群落分类目前还没有统一的系统。目前，国内普遍采用的是《中国植被》一书中的系统，在自然保护区生态监测中也推荐采用该系统。该系统采用植被型、群系、群丛为基本分类单位。在各基本分类单位之上，各设一辅助单位；在其下也各设一亚级辅助单位。其系统如下：

植被型组（Vegetation type group）

植被型（Vegetation type）

植被亚型（Vegetation subtype）

群系组（Formation group）

群系（Formation）

亚群系（Subformation）

群丛组（Association group）

群丛（Association）

植被型是重要的高级分类单位。建群种生活型（一或二级）相同或近似，同时对水热条件生态关系一致的植物群落联合为植被型。

群系是本分类系统中一个重要的中级分类单位。凡是建群种或共建种相同的植物群落联合为群系。

群丛是植被分类的基本单位。凡是片层结构相同，各片层的优势种或共优种相同的植物联合为群丛。

群丛的命名，以群落的生态结构为基础，用群落中的主要成分（各层优势种）来表示，又称为优势种法。我国和苏联学派、瑞典学派等采用符号连接的命名方法。采用这一方法时，必须首先确定群丛中各层次的优势种，不同层的优势种之间以"-"号相连，同一层的优势种则以"+"号相连。如蒙古栎-二色胡枝子-凸脉苔草+单花鸢尾群丛，按学名可写成Ass. *Quercus mongolica* Fisch.- *Lespedeza bicolor* - *Carex lanceolata* + *Iris uniflora* Pall.。以草本层占绝对优势的群落，只有亚层的分化，因此在命名时将各亚层的优势种均以"+"号相连。一些草地植被群落中有时出现灌木层，如小叶锦鸡儿（*Caragana microphylla* Lam.），但不占优势，仅稀疏散布于草本层之上，对这样的情况可以如下方式命名：（小叶锦鸡儿）-白草+赖草+狗尾草群丛，按学名可写成 Ass.（*Caragana microphylla* Lam.）- *Pennisetum flaccidum* Griseb. + *Leymus secalinus*（Georgi）Tzvel. + *Setaria viridis*（L.）Beauv.；以"（）"表示小叶锦鸡儿不占优势，以"-"号把灌木层与草本层分开。单优势种的群落，就直接用优势种命名，如以马尾松为单优势种的群丛称为马尾松群丛，即 Ass. *Pinus massoniana* 或写成 *Pinus massoniana* Association。

群系的命名依据是只取建群种的名称，如东北草原以羊草为建群种组成的群系称为羊草群系，即 Form. *Leymus chinensis*。如建群种不止一个（共建种），则依作用大小将其共建种并排，中间以"+"号连接，如两广地区常见的华栲+厚壳桂群系，即 Form. *Castanopsis chinensis* + *Cryptocary chinensis*。

群系以上高级单位不是以优势种来命名，一般以群落外貌命名。植被型的命名一般有专用名词，如草原（steppe）、稀树草原（savanna）、草甸（meadow）等。

1.2.5.4　关于成树、幼树和幼苗的区分标准

成树、幼树和幼苗的区分在调查中是一个重要调查内容。具体标准如下：每木调查起测径级为 1.3 cm。对于乔灌草分层明显的生态系统，按照该生态系统的乔灌草各层次高度划分成树、幼树和幼苗，达到主林层下限的为成树，未达到主林层下限的为幼树，处于草本层的为幼苗。对于乔灌草分层不明显的生态系统，采用以下标准：胸径大于 1.3 cm 或高度大于 2.5 m 的乔木视为成树；胸径小于 1.3 cm 或高度小于 2.5 m 大于 0.25 m 的乔木则视为幼苗。

1.2.5.5　日常巡护中的生态监测

在自然保护区的日常巡护中，巡护人员的工作重点是对于保护区的森林、草原、湿地等进行巡查，对偷砍盗伐、偷猎等违法行为进行调查和制止，同时还肩负着社区教育、社区调查等多方面的任务，其日程和工作量都受到多种因素的制约。此外，很多巡护人员往往是由社区农民业余兼职，其文化知识水平也难以胜任专业性较强的动物监测工作。因此，专业性的生态监测应以保护区的专业技术人员为主进行。

但是，巡护员对于保护区的某一区域比较熟悉，在巡护过程中，对于野生动植物群落中的大体情况，或某些重要物种的分布、数量等也会有一定程度的了解。在长期的巡护工作中，有可能观察到某些罕见的生态学现象，如鸟类被食肉兽捕食等。上述资料如果加以审慎的利用，对于专业性的生态监测也将是一个有益的补充。因此，各自然保护区应鼓励

管理人员在日常巡护中开展生态监测，巡护员在日常巡护中应该进行野生动植物相关资料的初步记录，尤其对于当地的主要保护对象以及容易识别的重要物种进行观察和记录。对于国家重点保护动植物，则要求凡有所见，均须记录在案。特别值得注意的是，要加强对从事生态监测人员和保护区巡护人员的专业培训，提高其鉴别野生动植物的能力。

1.3　森林生态系统类型自然保护区生态监测规范与方法

1.3.1　监测样地设置

根据自然保护区生态监测一般性规范要求，生态监测主要集中在对自然保护区内旗舰物种、珍稀濒危物种、特有种、指示物种、外来入侵物种及典型自然生态系统的监测。为了保证监测数据的代表性，植物监测样地应设置在自然保护区内最具代表性的森林植被类型分布的地段。各植物群落类型的监测样方，要求至少有 1～3 个重复。动物监测样地应根据保护区的主要保护对象分布特点，选择其喜好生境、栖息地、繁殖及觅食场所、水源、补盐地等动物经常出现的区域开展监测。

1.3.1.1　监测样地设置要求

（1）仪器与工具：在设置样地、样方和样线的过程中，一些常规的工具是必需的，包括测绳、皮尺、塑料绳、罗盘、地形图、海拔表、高精度 GPS、醒目的标桩、标注物等。在监测样方还需要带有编号的标牌（保证在 100 年时间里不会发生标牌丢失或字迹模糊等难以辨认的情形，否则需经常更换标牌）、固定标牌的铁钉或铁丝等。

（2）设置步骤：1）保护区植被调查，完成大比例尺（1∶10 000 或 1∶50 000）植被图以及区域植被的分析报告；2）基于植被调查、所在地地形等确定样地布局和各样地位置；3）样地围取；4）基于植被图对选定的监测样地进行一次生物分布情况的认真核查，写出监测样地植被及土地利用历史和现状的调查报告，完成乔木编号和平面坐标定位图；5）设计长期监测方案；6）建立必要的观测、标记设施以及样地保护设施；7）整理材料并存档。

（3）样地围取：首先确定一个原点（通常在坡的下部，位于所调查生物群落类型分布区的中心），沿等高线确定样地的一条边（边的长度取决于规定的样方面积），然后以第一条边的终点为起点向上引出第二条边，在拐角处用罗盘确定角度为直角。同理，再分别确定第三条边和第四条边。最后，要求到达原点的闭合差不超过样地周长的 1%。

样地围取后，用 GPS 准确定位，在示意图（示意图可以画在一定大小的坐标纸上）和地形图（1∶10 000）上标出具体位置，四周用标桩固定或用标记物标注，以便下次调查时能顺利找到同一样方，并在需要时设置必要的保护性围栏。

（4）样地所代表的一般性描述。样地确定后，需要基于区域植被图对选定的样地进行一次生物分布情况的认真核查，如记录群落的覆盖度，群落高度，各优势层的植物种类和数量，优势种的频度，树木的胸径、高度、枝下高，灌木的基径与高度，以及草本层的高度，层间植物和地被植物等。得到监测样地植物群落种类组成与数量特征的本底调查数据，写出监测样地植被及土地利用历史和现状的调查报告，以及样地地貌、地形、干扰状况等信息，完成样地所代表群落的一般性描述。

（5）乔木层的编号。由于永久性样地（方）将长期服务于定位监测研究，因此需要对其所包含的所有乔木树种的所有个体根据其相对位置进行编号，并挂上标牌。编号主要针对乔木层的成树和幼树，幼苗不进行编号。除了编号以外，还需要测定所有个体在样方中的相对位置（x，y）坐标，并在一张坐标纸上标出。

1.3.1.2 需要存档的材料

对于长期生态研究，除了动态监测数据的存储外，其他相关资料的存档也是非常必要的，其中场地信息的存档至关重要。在场地设置阶段需要存档的资料包括：

（1）区域植被调查记录，区域植被图，区域气候、植被与土壤特征的分析报告；

（2）生态监测样地布局的平面图及其选址说明报告；

（3）各个监测样地植物群落种类组成与数量特征的本底调查记录与数据；

（4）各个监测样地的乔木平面定位图；

（5）各个监测样地的背景信息简表，包括场地代表性、建立时间及计划使用年限、地理位置信息、面积范围、生物群落特征、土壤特征、水分特征、人类活动、利用历史、管理模式等。

1.3.2 监测样地的采样设计

1.3.2.1 样方的划分

为了取样的方便和研究的需要，通常要将样地进一步划分成次一级的样方。为了便于区分，将原样地称为Ⅰ级样方，主要用于乔木层的取样。将Ⅰ级样方进一步划分成10 m×10 m的次级样方，称为Ⅱ级样方。灌木层、草本层、土壤和水分等取样都在Ⅱ级样方中进行。

热带森林自然保护区样方设计：Ⅰ级样方为40 m×40 m，并进一步分成10 m×10 m的Ⅱ级样方共16个。

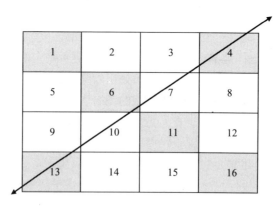

注：一个Ⅰ级样方及其中划分的16个Ⅱ级样方；方格中的数字为样方顺序编号，采用机械布点，带阴影的样方为灌木和草本的固定监测样方；箭头线为动物要素调查的样线设计。

图1-2 热带森林自然保护区样方示意

亚热带森林自然保护区样方设计：Ⅰ级样方为 30m×40m（自然林）或 30m×30m（人工林），并进一步分成 10m×10m 的Ⅱ级样方共 12 个（自然林）或 9 个（人工林）。

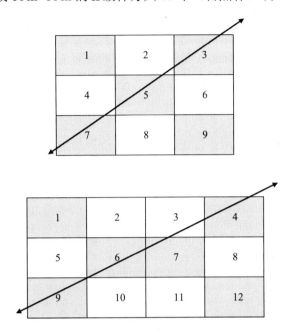

注：一个Ⅰ级样方及其中划分的 9 个（人工林）或 12 个（天然林）Ⅱ级样方；箭头线为动物要素调查的样线设计。

图 1-3　亚热带森林自然保护区样方示意

温带森林自然保护区样方设计：Ⅰ级样方为 20m×30m，并进一步分成 10m×10m 的Ⅱ级样方共 6 个。

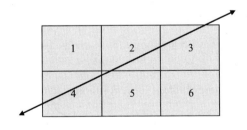

注：一个Ⅰ级样方及其中划分的 6 个Ⅱ级样方；箭头线为动物要素调查的样线设计。

图 1-4　温带森林自然保护区样方示意

1.3.2.2　样方法的采样设计

除动物以外，其他生物以及环境要素的调查均在监测样地的样方内进行。

乔木层调查在整个Ⅰ级样方进行，需要记录整个Ⅰ级样方中每株乔木的胸径和树高。

灌木层的调查在部分Ⅱ级样方中进行，以Ⅱ级样方为采样单位，分别记录每个灌木树种的多度、高度、盖度等。监测样地灌木层监测方案采用机械布点，对固定的样方进行长期监测（图中有阴影标记的Ⅱ级样方）。固定样方监测可以跟踪监测灌木层内的灌木和乔木幼树的生长和死亡动态，总结灌木层树种组成和结构的变化规律，结合乔木层的树木倒伏和林窗干扰，可分析灌木层这种动态的成因和趋势。

草本层的监测也在灌木调查选择的Ⅱ级样方内进行，在每一个被选择的Ⅱ级样方内设置 2 个 2 m×2 m 的固定小样方，用于年际间草本层的定点监测。草本层生物量的测定在破坏性样地进行。

1.3.2.3 样线法的采样设计

样线的确定：尽量配合监测样方进行。在样方确定后，从样方的中心点向一组对角的方向延伸约 1 km 的长度。动物监测调查主要采用样线法进行，但不同类型动物的取样方法有很大的区别，具体方法见 1.3.4 野外监测与采样方法。

1.3.3 指标体系

1.3.3.1 生境要素

生境要素监测项目每 5 年监测 1 次，见表 1-3。

表 1-3　森林生物群落生境要素的监测项目

项目	项目
植物群落名称	地形地貌
水分状况	动物活动
人类活动	演替阶段或林龄

1.3.3.2 植物群落种类组成与数量特征

这部分的监测内容主要包括植物种类组成、种类成分的数量特征、群落特征等（表 1-4）。

表 1-4　森林植物群落种类组成与数量特征的监测指标

项目	指标	频度
乔木层种类组成与种群数量特征	每木调查： 植物种、胸径、高度 基于每木调查，用模型换算 乔木个体蓄积量 分植物种调查：盖度、生活型、物候期	1 次/5 a（人工林或幼龄次生林 1 次/2 a 和 1 次/3 a，轮换监测）
灌木层种类组成与种群数量特征	按样方分植物种监测： 株数/多度、平均高度、盖度、随机 10 株的基径、生活型、物候期、蓄积量（DBH>3 cm）	1 次/5 a（人工林或幼龄次生林 1 次/2 a 和 1 次/3 a，轮换监测）
草本层种类组成与种群数量特征	按样方分植物种监测： 株数/多度、叶层平均高度、盖度、生活型、物候期	1 次/5 a（人工林或幼龄次生林 1 次/2 a 和 1 次/3 a，轮换监测）

项目	指标	频度
层间附（寄）生植物种类组成	分植物种监测： 多度、附（寄）主种类	1 次/5 a
层间藤植物种类组成	分个体或分植物种监测： 基径、1.3 m 处的粗度、估计的长度	1 次/5 a
乔木层群落特征	基于每木调查，按 II 级样方统计： 种数、优势种、优势种平均高度、密度 按样方监测： 群落郁闭度	1 次/5 a（人工林或幼龄次生林 1 次/2 a 和 1 次/3 a，轮换监测）
灌木层群落特征	基于分种调查，按样方统计： 种数、优势种、优势种平均高度、密度/多度 按样方监测： 群落盖度	1 次/5 a（人工林或幼龄次生林 1 次/2 a 和 1 次/3 a，轮换监测）
草本层群落特征	基于分种调查，按样方统计： 种数、优势种、优势种平均高度、密度/多度 按样方监测： 群落盖度	1 次/5 a（人工林或幼龄次生林 1 次/2 a 和 1 次/3 a，轮换监测）
群落物种多样性	物种丰富度、多样性指数	1 次/5 a

1.3.3.3　关键植物群落动态与物候

关键植物群落动态与物候的监测指标见表 1-5。

表 1-5　关键植物群落动态与物候的监测指标

项目	指标	频度
树木的更新状况	分植物种调查： 树苗和幼树的株数（分实生苗和萌生苗）、平均高度、平均基径	1 次/a
关键植物的物候	乔木和灌木植物： 展叶期、开花始期、开花盛期、开花末期、叶秋季全部变色期、落叶末期 草本植物： 开花始期、开花盛期、开花末期	每年动态监测

1.3.3.4　动物群落种类组成与结构

根据森林生态系统的特点，主要对鸟类、大型野生动物、昆虫等进行观测（表 1-6）。

表 1-6　森林动物群落种类组成的监测指标

项目	指标	频度
鸟类种类与数量	分种记录数量	1 次/5 a
大型野生动物种类与数量	分种记录数量	1 次/5 a
昆虫种类与数量	类别、名称、数量	1 次/5 a

1.3.3.5 植被类型和空间分布

整个自然保护区内植被类型和空间分布的监测指标见表 1-7。

表 1-7 植被类型和空间分布的监测指标

项目	指标	频度
植被类型、面积与分布	植被类型、群落名称、面积、地理位置、分布特征、分布图（含经纬度坐标）	1 次/10a；夏季

1.3.3.6 灾害

整个自然保护区遭受灾害的监测指标见表 1-8。

表 1-8 自然保护区灾害的监测指标

项目	指标	频度
灾害	灾害发生的时间、结束时间、影响范围、强度与规模、影响对象	动态监测

1.3.4 野外监测与采样方法

1.3.4.1 样地背景与生境描述

在植物群落研究中，样地生境描述是必不可少的。这是植物群落野外调查不可缺少的基础资料。野外调查记录应当既简单又规范，便于计算机识别和操作。调查应对选定样地做一个总的描述，描述内容主要包括植被类型、植物群落名称、郁闭度、群落高度、地貌地形、水分状况、人类活动、动物活动、演替特征等，并将其结果记录下来。

（1）仪器与用具

GPS、调查表、尺子、铅笔、油性记号笔、坡度计、罗盘仪等。

（2）生境描述方法

按下列分类系统，记载相应的类型。在野外调查时首先用 GPS 测定调查点的经纬度和海拔高度。

①植被类型。根据《中国植被》中的中国植被类型简表（附录 1），并参考地方植被志，分到群系一级。

②植物群落名称。植物群落根据建群种或优势种命名。群丛是基本单位，指各层优势种相同，群落结构、外观、生境一致的植物群落。群系是中级单位，以建群种或优势种相同的群丛或群丛组归纳而成。采用乔木层优势种-灌木层优势种-草本层优势种命名法。

③郁闭度。也称林冠层盖度，指乔木层各树冠连结的程度，以林冠层在地面的投影面积与林地面积之比表示。郁闭度的最大值是 1，即所有乔木树冠全部连接，呈全郁闭状态。乔木层的分层叠加，也在 1 的范围中。郁闭度可以通过直观初步估计森林覆盖占地表的比

例而得。也可在林内每隔 3～5 m 机械布点 100 个，记载郁闭的点数，计算出郁闭度：

$$郁闭度=有树冠覆盖的点数/100$$

④地形地貌。地貌可分为：

1）大地貌（所占面积在数百平方千米到几万平方千米，甚至更大，相对高度在数百米至 1 000 m 以下）：平原、丘陵、山地、高原、盆地；

2）中、小地貌（中地貌指水平面积在数十至数百平方千米，相对高度在数十至数百米范围内；小地貌是指水平面积在数平方千米至数十平方千米，相对高度在 10 m 以下）：山、丘陵、平原、台地、盆地、谷、沟谷流水地貌、冲积锥、洪积扇、风成地貌、岩溶地貌等。

地形包括以下内容：

1）坡位：山顶、上坡、中坡、下坡、坡麓；

2）坡向：给出坡度朝向和具体方位，可分为：东南、南、西南、西、西北、北、东北、东；

3）坡度：分为 8 级，即 0°～2°、3°～5°、6°～15°、16°～30、31°～45°、46°～60°、61°～75°、>75°；

4）坡形：凸、平直、凹、复合、阶梯；

5）风向坡：向风、侧风、背风；

6）其他：坡长（m）、对坡距（m）、相对高（m）。

⑤水分状况。分为旱、润、湿三级。

⑥人类活动。包括：垦殖、撂荒、伐林、造林、割草、放牧、采掘、刈割、火烧、开矿、道路建设、施肥、补种、灌溉、排水、旅游、污染、垃圾、狩猎、养蜂、围护、筑坝、次生盐碱等。并记录各种人类活动的影响程度，可分为：无影响、有益、有害，或轻、中、重、严重。

⑦动物活动。包括：家畜的种类和放牧的强度，虫鼠的种类和密度，洞穴的密度和覆土面积比例，其他病虫害以及鸟、兽、虫对种子的传播等。影响强度分为无、弱、中、强四个等级。

⑧演替阶段或林龄。自然林按在演替系列中所处的阶段划分为演替初期、演替中期、演替顶极。人工林按生长阶段分为幼龄林、中龄林、成熟林、过熟林。

1.3.4.2　植物群落种类组成与数量特征

植物群落中的种类组成，是指所有组成该植物群落的植物物种的总和。热带地区植物群落中的种类成分较复杂，尤其是热带雨林和季雨林，而温带地区的群落种类成分则相对简单。对于构成群落的植物，不仅要研究它所属的分类单位，还要调查它的数量，有了数量才能反映它们在群落中作用的大小。种的数量特征表现为：多度（或密度）、盖度、高度、重量、体积、同化面积等。此外还要了解它的生活型。生活型反映当地的环境条件，也是划分地带性植被的指标之一。群落内植物种类组成和每个种的数量特征，以及生活型的差异都会影响植物群落的结构、功能和外貌。

（1）调查地点

乔木植物种类调查在所有Ⅱ级样方中进行，灌木植物种类调查在选出的10m×10m的Ⅱ级样方中进行，而草本植物种类调查则在调查灌木的Ⅱ级样方中设置2个2m×2m样方进行。

（2）调查工具

测树围尺、1.3m的标杆、样方框（2m×2m）、钢卷尺、米绳、皮尺、测高器、剪刀、卡尺、调查表、油性记号笔等。

（3）调查内容与方法简述

乔木层记录种名（中文名和拉丁名），进行每木调查：测量胸径（实测，通常采用离地面1.3m处）和高度、冠幅（长、宽）、枝下高；每木调查起测径级为1.3cm。分植物种观测盖度、生活型，并记录调查时所处的物候期。按样方观测：观测群落郁闭度。然后基于每木调查数据，按Ⅱ级样方分种统计（密度、平均高度、平均胸径）。最后按Ⅱ级样方统计以下群落特征：种数、优势种、优势种平均高度、密度。幼树和幼苗分别随同灌木层或草本层一起调查。

灌木层记录种名（中文名和拉丁名），分种调查株数（丛数）、株高或丛平均高、单丛茎数、盖度、生活型、随机10株的基部直径，并记录调查时所处的物候期；按样方观测群落总盖度。然后基于分种调查，按样方统计以下群落特征：种数、优势种、优势种平均高度、密度/多度。

草本层记录种名（中文名和拉丁名），分种调查株数、盖度、高度、生活型，并记录调查时所处的物候期；按样方观测群落总盖度。然后基于分种调查，按样方统计以下群落特征：种数、优势种、优势种平均高度、密度/多度。

附（寄）生植物记录种名（中文名和拉丁名），分种调查多度、生活型、附（寄）主种类藤本植物记录种名（中文名和拉丁名），分个体或分种调查基径、1.3m处的粗度、估计长度、株数等。

（4）每木调查

对样地内全部树木，逐一测定各类树种的胸径、树高等，并做好记录，每测一树要进行编号，避免漏测。胸高直径（DBH）是采用1.3m高的标杆，在树干上坡一侧地表面立上标杆，在齐杆的上端，用卷尺测定树干的圆周长，以此求出直径（cm），或用围尺直接量得直径。树高（H）的测定，以测杆或测高器为工具，在测树高时一定要以测量者看到树木顶端为条件，尽量减少误差，以"m"为计量单位。

（5）植物种的鉴定

在进行观测和研究时，必须准确鉴定并详细记录群落中所有植物种的中文名、拉丁名以及所属的生活型。对于不能当场鉴定的，一定要采集带有花或果的标本（或做好标记），以备在花果期进行鉴定。以下是植物种鉴定常用工具书：①《中国植物志》；②《中国高等植物图鉴》；③《中国树木志》；④《中国沙漠植物志》；⑤地方植物志。

（6）多度

多度是指某一植物种在群落中的数目。确定多度最常用的方法有两种。一为直接点数，二为目测估计。植物个体小而数量大时，如对草本和矮灌木常用目测估计法，对于乔木等大树多用直接点数。目测估计法是按预先确定的多度等级来估计单位面积上的个体数。建议采用 Drude 的 7 级制（表 1-9）。

表 1-9　Drude 多度级

代码	等级	描述
7	Soc.（Sociales）	极多，植物地上部分郁闭
	Cop.（Copiosae）	
6	Cop^3	很多
5	Cop^2	多
4	Cop^1	尚多
3	Sp.（Sparsae）	少，数量不多而分散
2	Sol.（Solitariae）	稀少，数量很少而稀疏
1	Un.（Unicum）	个别，样方内只有 1 株或 2 株

　　根据植被类型确定调查样方的大小（面积），然后对每种植物进行多度目测估计并进行记录。在测定植物多度前，应对当地植被的疏密程度有所了解，初步掌握单位面积中各种植物的数量分布范围，然后大致确定每个多度等级的植物个体数量。

　　（7）密度

　　①密度的概念。密度是单位面积上某植物种的个体数目，通常用计数方法测定。计算公式如下：

$$D=N/S$$

式中：D——种群密度，株（丛）/m^2；

　　　　N——样方内某种植物的个体数，株（丛）；

　　　　S——样方水平面积，m^2。

　　样地内某种植物的个体数目与全部植物种个体数目的百分比称为相对密度。某一植物种的密度与群落中密度最高物种的密度的百分比，称为密度比。相对密度和密度比可用来反映群落内各种植物之间的比例关系，是衡量物种优势度的重要参数之一。

　　②密度的测定。密度是一个实测数据，但由于分布格局的差异，不同样方内的数字可能有很大差异，样方大小和数目会影响调查结果。因此，要合理确定样方的面积和数量。

　　按株数测定密度，有时会遇到困难，如根茎禾草的地上部分不易分清是属于一株还是多株。因此，测密度前要确立植株个体的确定标准。一般可以把能数出来的独立植株作为一个单株；对于根茎植物而言，凡地上部分为独立的则可算做一个单株；对于密丛型植物，地上部分独立的一丛算做一株。丛和株并非等值，所以必须同它们的盖度结合起来才能获得较正确的判断。特殊的计数单位都应在样方调查表中加以注明。

　　在计数密度较大的植物时，要准备计数器，每数一棵植物计数一次，以免计错。

　　（8）盖度

　　植物盖度指植物地上部分的垂直投影面积占样地面积的百分比。盖度是群落结构的一个重要指标，它不仅可以反映植物所占有的水平空间的大小，还可以反映植物之间的相互关系。它在一定程度上还是植物利用环境及影响环境程度的反映。盖度一般分为两种：投影盖度和基盖度。投影盖度指植物枝叶所覆盖的土地面积。一般的盖度概念指投影盖度。

基盖度指植物基部的覆盖面积，对于草原群落，常以离地面 3 cm 高的断面积占样方总面积的百分比表示；而对森林群落，则常以树木胸高断面积（距地面 1.3 m 处）占样方总面积的百分比表示。乔木的基盖度又称为显著度。

投影盖度又可分为种盖度（分盖度）、层盖度（种组盖度）、总盖度（群落盖度）。种盖度是指某种植物植冠在一定地面所形成的投影面积占地表面积的比例。总盖度是全部植物植冠在一定地面所形成的投影面积占地表面积的比例。由于植物枝叶互相重叠，分盖度或层盖度之和，可能大于总盖度。因此，总盖度必须直接测定。

盖度常用百分数表示，也可用等级制来表示。建议盖度采用百分数表示，公式为：

$$C_c = C_i \times 100/S$$

式中：C_c——种盖度；

　　　C_i——样方内 i 种植物植冠的投影面积之和，m^2；

　　　S——样方水平面积，m^2。

群落中某一种植物分盖度对所有种的分盖度之和的百分比称为相对盖度。某一植物种的盖度占群落中盖度最大物种的盖度的百分比称为盖度比。相对盖度和盖度比也是衡量物种优势度的重要参数之一。

①目测法。运用目测法测试盖度，是在设定了样方的基础上，根据经验目测估计样方内各植物种冠层的投影面积占样方面积的比例，以此确定植被盖度。

用目测法进行盖度估测时，首先根据植被类型和植株密度确定样方大小，然后估测样方内植被的总盖度，再分别估测各植物种的分盖度。运用目测法估测植被盖度需要一定的经验，如果缺乏估测经验，也可在样方内用小样方框（如草本可用 10 cm×10 cm）对有植物的部分进行逐块估测，然后进行累加，计算出总的盖度。样方一般为正方形，样方框可用钢筋、粗铁丝、PV 杆等制作，以轻便、结实、携带方便为原则。

目测法测试盖度主要适用于草本植被。荒漠、草原的草本植被调查样方至少为 1 m×1 m，一些低矮密集型的草甸植被也可用 0.5 m×0.5 m 的样方。

对于乔木和灌木、半灌木群落来说，一般至少要采用 10 m×10 m 或 5 m×5 m 的大样方。对于乔木和灌木、半灌木植物个体，可直接用尺子测量每棵植株的投影面积，然后计算其植被盖度。对于林下和林间的草本植被，仍然采用 1 m×1 m 样方测度盖度。

②样线法。样线法测试盖度主要适用于乔木和灌木、半灌木植被。它是根据有植被的片段占样线总长度的比例而计算植被总盖度的，而各种植物冠层在样线上所占线段的比例则为植物的分盖度。分盖度之和可以大于总盖度，但不能小于总盖度。

采用样线法调查时，可在所调查的样地先设定一个中心点，打上木桩或插上竹竿。然后以其为基点，用 50 m 长的卷尺沿所要测定的植被方向拉直线。样线的高度因植被类型而定，一般要求紧贴灌木、半灌木冠层顶部，对于乔木层来说，要求从林冠下层穿过。

观测时，以卷尺所接触或所覆盖的植物为准，记述其冠层在样线上的总长度和各种植物的分长度，然后除以样线总长度，即为植被的总盖度和分盖度。

如果灌木、半灌木的冠层较高，难以用样线法对下层草本植物的分盖度进行有效估测，可在估测完总盖度后，再用样方法对下层各草本植物的分盖度另行估测。

（9）高度

乔木用目测法或实测法（勃鲁莱测高器等），灌木和草本用实测法。

（10）频度

①频度的概念。频度指某一个种在一定地区内特定样方中出现的机会，即在全部调查样方中出现某种植物的样方百分率。用公式表示为：

频度（F）=某种植物出现的样方数/调查的总样方数×100%

频度记载迅速、容易而客观，所以自 20 世纪初期以来一直是生态学工作者所普遍采用的一个指标。需要指出的是，频度值是依样方的大小和数目而转移的，样方面积越大，频度值越高。统计次数越多，准确性越高。因此，只有在样方面积相等，统计单位数目相同的情况下才能进行比较。

群落中某一种植物的频度对所有种的频度之和的百分比称为相对频度。某一植物种的频度占群落中频度最大物种的频度的百分比称为频度比。相对频度和频度比也是衡量物种优势度的重要参数之一。

②频度的测定。频度的观测通常采用样方法。样方的大小要根据单位面积上植物大小和种的丰富度而定。测定频度的样方大小应该比测定密度的样方略为大些，但同样大小的样方也可以。测定频度时，需要把样方再分成一定大小的频度小样方，记录某个物种在样方中是否出现。一般来说，使每一个频度小样方中有 3~8 个种比较合适。例如，在 $1\,m^2$ 的低矮草被上出现20~30 个种，那么可以把样方再分成 100 个 10 cm×10 cm 的频度小样方。由于频度取决于小样方的大小，必须注意选取最适宜的小样方大小，而且任何时候记录频度都必须说明小样方大小。若扩大频度小样方，对一个稀少重复出现的种，可能出现频度为 100%的结果，稀少重复出现种的频度值，可能会与大量重复出现种的频度值相同。Daubenmire（1968）以经验规律建议，当有 1 个或 2 个以上种的频度为 100%时，频度小样方的大小要减少。

对于草本植物，频度调查采用面积为 $0.1\,m^2$ 的样圆（直径 35.68 cm），在所调查的样地中，随机抛投样圆，记录每次样圆中出现的植物种类。样圆的抛投次数，由植被类型和植物种的分布类型决定。一般分布均匀的草本植被，投 20~30 次即可。记录样圆内的植物种时，无论是植株的全部还是部分在样圆内，都要记录，而且只记录有或无即可。最后，统计各植物种出现次数，计算其频率。

（11）乔木层蓄积量

林分中全部树木的材积称为蓄积量。在森林调查和森林经营工作中，常用单位面积蓄积量（m^3/hm^2）表示。蓄积量是鉴定森林数量的主要指标。而单位面积蓄积量的大小，在某种程度上标志着林地生产能力的高低及营林措施的效果。因此，蓄积量测定是林分调查主要目的之一。

林分蓄积量的测定方法很多，可概括为实测法和目测法两大类。目测法是以实测法为基础的经验方法。实测法又可分为全林实测和局部实测。全林实测工作量大，常常受人力、物力等条件的限制。最常用的还是局部实测法，包括标准木法、材积表法、标准表法、平均实验形树法等。在生产实践中，为了提高工作效率，林分蓄积量更多的是应用预先编制好的立木材积表确定。根据立木材积与胸径、树高和干形三要素之间的相关关系而编制的，载有各种大小树干平均单株材积的数表，称为立木材积表。其中，二元材积表使用范围较广。它是根据树高和胸径两个因子与材积相关关系编制的材积数表。由于考虑了不同条件下树高变动幅度对材积的影响，测算比较准确，是最基本的材积表，又称为一般材积表或标准材积表。

应用二元材积表测算林分蓄积量，一般是经过标准地调查，取得各径阶株数和树高曲线后，根据径阶中值从树高曲线上读出径阶平均高，再依径阶中值和径阶平均高（取整数或用内插法）从材积表上查出各径阶单株平均材积，也可将径阶中值和径阶平均高代入材积式计算出各径阶单株平均材积。

材积式：
$$V = 0.714\,265\,437 \times 10^{-4} D^{1.867\,010} H^{0.901\,463\,2}$$

各地根据各自树种和生长情况不同，分别编制不同地区不同树种的二元材积表。因此，各自然保护区在计算蓄积量时，要充分运用已有的二元材积表进行测算。

（12）群落物种多样性指标

①物种丰富度

这是表征群落中包含多少个物种的量度，具体指某一植物群落中单位面积内拥有的物种数，也可称为种的饱和度。

$$S（物种丰富度）=出现在样地中的物种数$$

②多样性指数

从研究植物群落出发，这里的物种多样性（species diversity）是指一个群落中的物种数目和各物种的个体数目分配的均匀度。这是一个很重要的概念，它不仅反映了群落组成中物种的丰富程度，也反映了不同自然地理条件与群落的相互关系，以及群落的稳定性与动态，是群落组织结构的重要特征值。

测定物种多样性的公式有 10 多种，这里仅介绍 3 种常用的公式。

1）Simpson 指数

Simpson 指数又称优势度指数，是对多样性的反面，集中性的度量。它假设从包括 N 个个体的 S 个种的集合中（其中属于第 i 种的有 N_i 个个体，i=1，2，…，S；并且 $\sum N_i = N$ 随机抽取 2 个个体并且不再放回，如果这两个个体属于同一物种的概率大，则说明集中性高，即多样性程度低。其概率可表示为：

$$\lambda = \sum_{i=1}^{s} \frac{n_i(n_i-1)}{N(N-1)}, \quad i=1,2,3,\cdots,S$$

式中：n_i——第 i 个种的个体数；

N——所有的个体总数。

当把群落当做一个完全的总体时，得出的 λ 是个严格的总体参数，没有抽样误差。显然 A 是集中性的测度，为了克服由此带来的不便，Greenberg（1956）建议用下式作为多样性测度的指标：

$$D_s = 1 - \sum_{i=1}^{s} \frac{n_i(n_i-1)}{N(N-1)}$$

如果一个群落有 2 个种，其中一个种有 9 个个体，另一个种有 1 个个体，其多样性指数（D_s）等于 0.2；若这两个种，每个种各有 5 个个体，其多样性指数等于 0.4，显然后者的多样性较高。

2）Shannon-Wiener 指数

该指数原来用于表征在信息通信中的某一瞬间，一定符号出现的不定度以及它传递的信息总和。在这里用于表征群落物种多样性，即从群落中随机抽取一个一定个体的平均不定度；当物种的数目增加，已存在的物种的个体分布越来越均匀时，此不定度明显增加。可见 Shannon-Wiener 指数为变化度指数，群落中的物种数量越多，分布越均匀，其值就越大。公式为：

$$H = -\sum P_i \ln P_i \qquad P_i = \frac{n_i}{N}$$

n_i 为群落中第 i 种植物单位数，它既可以是植物的个体数，也可以是其他定量指标，如盖度（C）、优势度（D）、重要值（I）等，此处采用个体数指标，即 n_i 为样地中某一层次第 i 个物种的个体数，N 为该层次所有物种个体数之和，P_i 即为第 i 个物种的个体数占总个体数的比例。

3）Pielou 均匀度指数

群落均匀度指的是群落中不同物种多度的分布，Pielou（1969）把它定义为实测多样性和最大多样性（给定物种数 S 下的完全均匀群落的多样性）的比率。多样性量度不同，均匀度测度方法也不同。

这里在 Shannon-Wiener 指数基础上的 Pielou 均匀度指数（J）为：

$$J = \frac{-\sum P_i \ln P_i}{\ln S}$$

以上几种多样性指数实际上是从不同的方面反映群落组成结构特征。一个生态优势度较高的群落，由于优势种明显，优势种的植物单位数（个体数、盖度、优势度、重要值等）则会显著高于一般的物种而使群落的均匀度降低。可见生态优势度指数与均匀度指数是两个相反的概念，前者与物种多样性呈负相关关系，后者与物种多样性呈正相关关系。这样就比较容易理解为什么一个物种多、个体数也多，但分布不均匀的群落，在物种多样性指数上却和物种少、个体数也少，但分布均匀的群落相似。一般来说，几个指标只有同时并用才有可能如实地反映群落的组成结构水平。

1.3.4.3　关键植物群落动态与物候

（1）关键植物群落动态和树种更新

树种更新是一个重要的生态学过程，以树木为主的生物种群在时间和空间上不断延续、发展或发生演替，对未来森林群落的结构、格局及其生物多样性都有深远的影响。因此，森林群落中树种的更新是森林生态系统动态研究中的重要方面之一。

树种更新采用样方法调查，与灌木和草本层种类组成调查同时进行。乔木树种幼树测量胸径和树高，幼苗记录基径和高度，根据下列公式计算出每个树种的更新密度（N/hm²）和更新频度（%）：

更新密度=株数合计×10 000/样方面积×样方数

更新频度=某种幼树出现样方数/调查样方数×100%

（2）关键植物的物候

植物长期适应于一年中温度和水分规律的变化，形成与此相适应的植物发育节律称为物候。不同的植物因其生物学特性不同，其物候期也有很大的差别。记录植物物候期时，主要记录群落的优势种和季相外貌的指示种。

森林物候观测的目的在于：1）提供森林树木一年中生长和发育状况的变化，对这些变化与自然环境或人类活动胁迫因子之间进行关联性研究，并给出合理的解释；2）比较某区域或立地条件下不同树种物候进程的季节变化；3）了解区域树种物候是否受区域环境变化的影响，并对未来趋势进行预测。

①观测对象

对于温带地区树种少、结构简单的林分或群落，原则上观测样地内所有种类；对热带亚热带地区种类丰富、结构复杂的林分或群落，侧重观测样地优势树种和气候指示种。根据样地每木调查、生物量等数据确定 5～8 个优势树种，每个优势树种确定 3～5 株作为观测对象。

②观测方法

植物物候观测可采取单株观测法和种群观测法。单株观测法适用于乔木和灌木的物候观测，这种方法是事先选定一定量的成年植株，做好标记，然后进行物候观测。种群观测法适用于草本植物的观测，这种方法是先确定 3～5 个定点样方，做好标记，然后进行物候观测。记录植物物候期时，可按多年生植物与一年生植物，或乔木、灌木与草本，或禾本科与非禾本科植物分别予以观测记录。

根据时间、人力、经费、野外可操作性、不同站区资料的可比性等实际情况，侧重选择几个优势树种进行长期观测。

③主要物候期的特征

物候期的观测可以很细致，也可以挑选部分物候期进行重点观测。

1）乔木和灌木。观测建议选择：开始展叶期、开花始期、开花盛期、开花末期、叶秋季全部变色期、落叶末期。

展叶期。针叶树出现幼针叶的日期，阔叶树第一批（10%）新叶开始伸展的日期，即为开始展叶期。针叶树当新针叶长出的长度达到老针叶长度的一半时，阔叶树植株上有一半枝条的小叶完全展开时，即为展叶盛期。

开花期。冠层第一批花的花瓣开始完全开放时，为开花始期；所观测的树上有一半枝条上的花都展开花瓣或花序散出花粉时，为开花盛期；所观测的树上大部分的花脱落，残留部分不足开花盛期的 10%时，为开花末期。

有时，树木在夏天和初秋有第二次开花或多次开花现象，也应分别予以记录。记录项目包括：①二次或多次开花日期；②二次开花的是个别树还是多数树；③二次开花和没有二次开花的树在地势上有什么不同；④二次开花的树有没有损害，如受机械损伤、病虫害等。

秋季叶变色期。所谓秋季叶变色期，是指秋季随着温度的下降，树上叶子的颜色发生改变，呈现秋季正常叶色的时期。当被观测的树木有10%的树叶颜色变为秋季叶色时为叶秋季变色期，完全变色时为秋季叶全部变色期。需要注意的是，叶秋季变色是指正常的季节性变化，树上出现变色的叶子颜色不再消失，并且有新变色的叶子在增多，但不能把夏天因干燥、炎热或其他原因引起的叶变色混同于叶秋季变色。

落叶期。当秋季观测的树木开始落叶，为开始落叶期；树上的叶子 50%左右脱落，为落叶盛期；树叶几乎全部脱落为落叶末期。落叶是枝条生长木质化的特征，正常落叶开始的象征是：当轻轻地摇动树枝，就落下 3～5 片叶子，或者在没有风的时候，叶子一片一片地落下来。但不可和因夏季干燥、炎热或其他非自然胁迫如昆虫、病原体引起的落叶混淆起来。另外，如果气温降到 0℃或 0℃以下时，叶子还未脱落，应该记录；树叶在夏季发黄散落下来，也应该记录。

　　2）草本植物。观测建议选择：开花始期、开花盛期、开花末期。

　　开花期。当 10%的植株上初次有个别花的花瓣完全展开时，为开花始期；有 50%花的花瓣完全展开，为开花盛期；花瓣快要完全凋谢，为开花末期。

　　二次或多次开花期。某些草本植物在春季或夏季开花后秋季偶尔又开花，为二次或多次开花期。

1.3.4.4　鸟类种类与数量

　　（1）调查地点

　　在生物、气象、水文和土壤要素长期观测的监测样地内或其附近相似群落内进行。

　　（2）时间和频度

　　一年中，在鸟类活动高峰期内选择数月进行观察，在每个观察月份中，确定数天进行连续观察，观察时段选在鸟类活动高峰期（早晨 6:00～9:00，傍晚 4:00～7:00）。

　　（3）调查方法

　　常用的方法有：样带法（路线统计法）、样点统计法、样方法。对于自然保护区内不同时期不同鸟类进行调查监测时，应分别采用相应的技术方法。观测工具包括标记木桩或 PVC 管、带铃绳子（30～40 m）、计步器、望远镜和记录表等。

　　①样线法（路线统计法）。样线法即在保护区中沿一定线路匀速前进，沿途记录所看到或听到的鸟类的种类和数量，对于地栖性的鸟类还可记录鸟类的粪便、羽毛等痕迹。样线的单侧宽度依据保护区生境植被的疏密、林间可视距离以及森林或生境的代表性等而确定。样带宽度保持恒定为"固定带宽的样线法"，如果行进路线为直线，限定统计线路左右两侧一定宽度（25 m 或 50 m），以一定速度（如 2 km/h）行进，记录所观察到的鸟种类和数量，则可求出单位面积上遇见到的鸟数，它是一个相对多度指标。样线宽度不恒定的调查法则称为"不定带宽样线法"。

　　对于调查线路的设定，首先划分保护区的生境植被类型。线路应当覆盖保护区中的主要生境植被类型，不同生境中所经过的线路长度要与该生境在整个保护区面积中所占的比例基本一致。调查线路总长度（L）与各生境类型总面积（S）比例要求不低于 0.2，即 L（km）$\geqslant S$（km^2）×0.2（km/km^2），即每 100 km^2 监测区域面积，调查线路长度应当不小于 20 km。

　　对于发现监测对象的地点，应记录发现时间、海拔、地理位置（东经和北纬）并进行生境简单描述等。对于不认识的鸟类，简单描述其形态和叫声等特征，有条件时可以用长焦距相机拍摄照片或用数码摄像机拍摄观察的关键过程，事后请专家辨识。

　　注意事项：

　　1）调查者的行进速度要一定，行进过程不间断，否则间断时间要扣除；

2）统计时要避免重复统计，调查时由后向前飞的鸟不予统计，而由前向后飞的鸟要统计在内。对于鸟的停留位置，要记录该个体首次被发现的位置，而不是移动后停落的位置。

②样点统计法（样点法）。根据地貌地形、海拔高度、植被类型等划分不同的生境类型。在每种生境或植被类型内选择若干统计点，在鸟的活动高峰期，逐点对鸟以相同时间频度（一般 5～20min）进行统计。也可以以点为中心划出一定大小的样方（如 250m×250m），进行相同时间的统计。样点法中的取样点或计数点（进行计数的空间点位）可以系统地选择（如在地形图的网格点上）或者随机地选择（分层随机或不分层随机都可以）。计数点之间最小的距离为 200m，距离必须大于鸟鸣距离。观察手段与样带法相同。

简化的样点统计法即"线—点"统计法。该统计法一般先选定一条统计路线，隔一定距离（如 200m）标出一统计样点，在鸟类活动高峰期逐点停留（如 3min），记录鸟的种类和数量，但在行进路线上不做统计。

这种方法只是统计鸟类的相对多度，可以了解鸟类群落中各种鸟的相对多度及同一种鸟的种群季节变化。

③样方法。适用于鸟类成对或群居生活的繁殖季节，用鸟巢统计法求得鸟类种群或群落数量。

在观察区域内，每个垂直带设置 3～5 个一定面积（如 100m×100m 或 50m×50m）的样方，用木桩或 PVC 管做标记，样方数量依据保护区的需要和人力条件确定。样方之间距离不小于 250m。调查时沿"Z"字形路线在样方内搜索。之后，对样方内的鸟或鸟巢全部计数，并定期（隔天或隔周）进行复查。如果样方内植被稠密，能见度差，可将样方分段进行统计。

通过调查可以求出各样方统计密度的平均值，进而求出一定调查面积内全部鸟类的数目。

（4）鸟种类鉴别方法

对于数量多、比较熟悉的鸟类，通常根据鸟鸣声判别其种类，根据鸣声丰度推断其数量；或通过望远镜观察其形态特征判断其种类和数量。必要的时候用数码摄像机拍摄相关过程，返回基地后进行综合分析以确定其种类。对于数量少、遇见频率少的鸟类，在上述判别方法的基础上，野外采集标本，带回实验室进行鉴定。此外，收集调查地区内与鸟类相关的历史资料，同时走访当地长期居住，有经验的村民群众都有助于对不确定鸟类的鉴别。

（5）统计方法

①频率指数。用各种鸟类遇见的百分率（R）与每天遇见数（B）的乘积作为指数，进行鸟类数量等级的划分。

$$R = 100\frac{d}{D}$$

$$B = \frac{S}{D}$$

式中：d——遇见鸟类的天数，d；

D——工作总天数，d；

S——遇见的鸟种数；

R——各种鸟类遇见的百分率，%；

  B——每天遇见的鸟种数。

  ②物种密度

$$M = \frac{N_i}{2(\sum d / n)L}$$

式中：*M*——物种 *i* 的密度，只/m²；

   N——*i* 动物在整个观察样带中的所有记录数，只；

   d——*i* 动物距样带中线的垂直距离，m；

   n——*i* 动物在整个样带中的出现次数；

   L——整个样带的长度，m。

  ③物种多样性指数——Shannon-Wiener 指数

$$H' = -\sum_{i=1}^{S}(P_i \log_2 P_i)$$

式中：*S*——物种数；

   P_i——物种 *i* 的个体数与所有物种总个体数之比。

  ④均匀度指数——Pielou 指数

$$J = H' / H_{\max}$$

式中：$H_{\max}$ =log*S*（*S* 为物种数）。

1.3.4.5　兽类种类与数量

  （1）动物监测样地的设置

  动物的分布区通常很大，因此对所有分布区进行调查是不可能的，即使调查某一区域的动物数量也很难。一般根据动物的习性和统计学原理，有选择地设置若干典型样地，通过调查样地内的动物种类和数量，来估计整个区域内动物的种类和数量。

  动物调查方式应根据动物的习性和环境因素来确定。调查方式主要有两种：样方法和样线法。样方法就是调查一定方形或其他几何形状面积内动物的种类和数量。样线法是对某一生境沿一条路线调查，记录所遇见的动物或其痕迹数量。考虑到兽类活动范围大，需要灵活快速的调查方法，因此建议兽类调查采用样线调查法，同时尽量结合植物监测样地进行调查。

  动物观测的方法有直接观测法和捕捉法。直接观测法研究的目标对象包括动物个体、尸体残骸、粪便、足迹、叫声等；捕捉法是借助工具直接捕获动物活体或尸体。由于自然保护区的特殊性，动物调查应采用直接观测法。

  调查监测的时间也要规范化。具体调查时，要根据动物的活动节律，尽量在动物活动出现的高峰进行观察。还要考虑到动物的生活史特点以及季节性变化。一年每个季节至少调查 1 次，即春、夏、秋、冬各进行一次。因为动物数量变动具有季节波动性特点，因此仅用一个时期的数据难以反映全貌。一年调查数据的平均值为年平均数据，具有较好的代表性。

  （2）调查工具

  路线图，GPS，望远镜，木板夹，计步器/自动步行计数器，油性记号笔等。

（3）调查内容与方法

①大型兽类种类调查

1）样线法。根据不同兽类的活动习性及其生境类型，选择若干样线，分别在黄昏、中午、傍晚沿样线以一定速度前进，前进速度控制在每小时 2～3 km，统计和记录所遇到的动物个体、尸体残骸、粪便、足迹、毛发、鸣叫及洞巢等，记录观测对象距离观测者的角度、距离及数量，连续调查 3 天，整理分析后得到种类名录。随机选择若干样点，进行环境要素调查。

用观测目标数量除以线路总长度便可求得相对密度。各种观测目标可以分开单独计算，如用观测到粪便堆数量除以样线总长，便可得到一种相对密度指标。

2）样地哄赶法。一些兽类喜欢隐藏于栖息地中，不易观测，需采用本方法。a. 根据生境类型选择样方，面积 50 hm^2，一般成方形或长方形。b. 调查人员 30 人左右，分成 4 组。调查开始前各组分别到达样地四个角的位置，按预定时间，沿顺时针方向行走，将样地包围起来。每人间距约 100 m，按表记录所遇见动物种类及数量，并记录动物逃逸方向（即包围圈内或外）。完成包围后，开始缩小包围圈，速度稍慢，记录所遇见动物种类及逃逸数量。c. 随机选择若干样点，进行环境要素调查。d. 以逃逸出包围圈外的动物总数量除以样地面积，便可求得绝对密度。

3）定点观察计数法。根据兽类的行为生态学特点和活动规律，选择盐点、水源地、投食点对动物进行定点观测。

②小型兽类种类调查

建议采用夹日法。每日傍晚沿每一样线放置木板夹 50 个，间隔为 5 m，于次日检查捕获情况。对捕获动物解剖登记，同一样线连捕 2～3 天。整理分析得到种类名录，具体操作参照 1.4.3.4 小型兽类种类与数量。

（4）结果描述

种群组成可直接记录样方中出现的所有野生动物中文名和拉丁名，而数量则可用一定面积上的动物个数来表示（个数/hm^2）。

（5）注意事项

首先对大型兽类和鸟类进行调查，原因是其比较容易受其他调查的影响；其次是森林昆虫和小型兽类；调查完毕后应将布置在样方及其对角线延伸线上的所有夹板全部取回，以免发生意外；同时避免重复计数。

1.3.4.6 昆虫种类与数量

（1）调查地点

森林昆虫种类的调查是在样方中所确定的样线上进行。

（2）调查工具

黑光灯，昆虫网，采集伞，白布单，陷阱桶，毒瓶，三角纸袋，油性记号笔等。

（3）调查方法

根据昆虫的不同生活习性，采用不同的调查方法：

①观察和搜索法。沿样线观察乔木活立木、倒木及枯死木以及灌木，树皮裂缝和粗糙皮下、树干内、树枝、叶表面、果实等，捕捉及收集各种昆虫的成虫、幼虫、蛹、卵、粪

便、分泌物等。

②网捕法。利用捕虫网捕捉会飞善跳的昆虫。

③震落法。利用有些昆虫具有假死性的特点，突然猛击其寄主植物，使其落入网中、采集伞或白布单等工具内。

④诱捕法。利用昆虫的各种趋性捕捉昆虫的方法，又可分为灯光诱捕、食物诱捕、信息素诱捕、颜色诱捕等，可沿样线每隔一段距离放置不同的诱捕器具进行诱捕。

⑤陷阱法。可捕捉蟋蟀、步甲等地面活动的昆虫，可沿样线放置 10 个陷阱桶，每天统计捕获到的地上活动的昆虫及无脊椎动物。

（4）结果描述

结果为一份包含所有捕捉到的昆虫的中文名和拉丁名的名录以及昆虫数量。

（5）注意事项

森林昆虫的调查应排在主要野生动物之后，土壤动物之前。

1.3.4.7　植被类型和空间分布

调查植被类型和空间分布应结合森林资源清查、资源调查、综合科学考察等野外勘察，尽量利用卫星影像、航空相片、地形图等资料，每 10 年调查一次，以确定整个自然保护区内植被类型和空间分布情况。

1.3.4.8　灾害监测

森林受自然胁迫和各种人类活动的综合影响。短时间的气候变化，特别是极端异常气候现象，如干旱、洪涝、冻害、冰雹、沙暴等，足以给自然生态系统和经济生产带来严重威胁。长期的气候变化，如温室效应导致的全球气候变暖，即使变化缓慢，也可能导致生态系统结构、功能和格局发生本质性的改变。此外，大量其他胁迫因子，如病原体入侵、虫害和各类大气污染，同样影响森林的健康状况。

灾害监测的目的是为了了解生物或非生物突发事件对森林等自然生态系统的影响。监测的内容包括生物伤害和非生物伤害两类。前者指病原体危害、虫害和动物啃噬等，后者指霜冻、风暴、泥石流、森林火灾等。

监测对象是自然保护区及对保护区有潜在影响的周边地区内生物多样性及自然环境，监测频率为常年进行，尽量与巡护工作相结合。

监测方法：

样地内林木遭受灾害的严重程度，按受害（死亡、折断、翻倒等）立木株数分为四个等级，评定标准见表 1-10。

表 1-10　森林灾害等级评定标准与代码表

等级	评定标准		
	森林病虫害	森林火灾	气候灾害和其他
无	受害立木株数 10%以下	未成灾	未成灾
轻	受害立木株数 10%~29%	受害立木 20%以下，仍能恢复生长	受害立木株数 20%以下
中	受害立木株数 30%~59%	受害立木 20%~49%，生长受到明显的抑制	受害立木株数 20%~59%
重	受害立木株数 60%以上	受害立木 50%以上，以濒死木和死亡木为主	受害立木株数 60%以上

监测人员应在野外核实灾害发生的时间、结束时间、影响范围、强度与规模、影响对象等，予以详细记录并由专家进行确认。

1.4 草原草甸生态系统类型自然保护区生态监测规范与方法

1.4.1 监测样地设置与采样设计

根据自然保护区生态监测一般性规范要求，生态监测主要集中在对自然保护区内旗舰物种、珍稀濒危物种、特有种、指示物种、外来入侵物种及典型自然生态系统的监测。为了保证监测数据的代表性，监测样地应设置在自然保护区内最具代表性的草原草甸生态系统类型的典型地段。参照森林生态系统类型自然保护区的操作步骤设置监测样地，并完成各项材料的存档。

参照森林生态系统类型自然保护区的生态监测样地设置方法，通常要将样地进一步划分成次一级的样方。为了便于区分，将原样地称为Ⅰ级样方，主要用于乔木层的取样。将Ⅰ级样方进一步划分成 10 m×10 m 的次级样方，称为Ⅱ级样方。灌木层、草本层、土壤和水分等取样都在Ⅱ级样方中进行。

Ⅰ级样方面积为 1 hm^2（100 m×100 m），并在Ⅰ级样方外侧各留 10 m 缓冲带，主要用作监测人员的行走过道，避免采样时可能引起的边缘效应。在Ⅰ级样方内，进一步划分成 100 个Ⅱ级样方（10 m×10 m），按照机械布点方法选定监测的Ⅱ级样方。草原草甸生态系统的监测在选定的Ⅱ级样方内进行，在每一个被选择的Ⅱ级样方内设置 2 个 1 m×1 m 的固定小样方，用于草原草甸生态系统的定点监测。

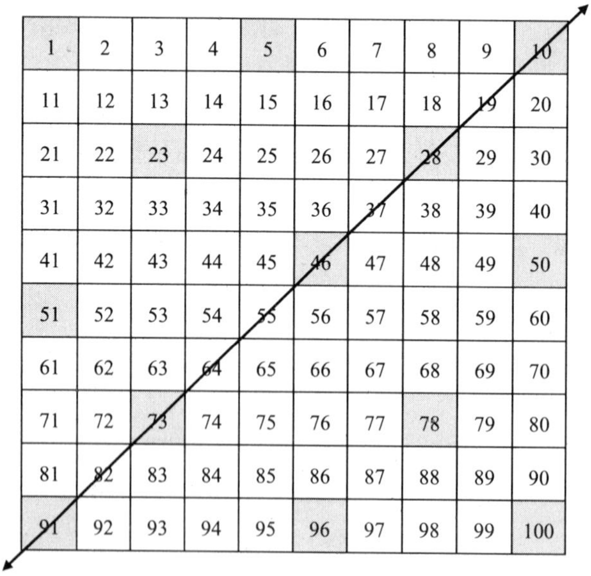

注：一个Ⅰ级样方及其中划分的 100 个Ⅱ级样方；方格中的数字为样方顺序编号，采用机械布点，带阴影的样方为灌木和草本的固定监测样方；箭头线为动物要素调查的样线设计。

图 1-5 草原草甸生态系统类型自然保护区样方示意图

1.4.2 指标体系

1.4.2.1 生境要素

生境要素监测项目每 5 年监测 1 次，见表 1-11。

表 1-11 草原草甸生物群落生境要素的监测项目

项目	项目
植物群落名称	群落高度
水分状况	动物活动
人类活动	利用方式
利用强度	演替阶段

1.4.2.2 植物群落种类组成与数量特征

这部分的监测内容主要包括植物种类组成、种类成分的数量特征、群落特征等（表 1-12）。

表 1-12 草原草甸植物群落种类组成与数量特征的监测指标

项目	指标	频度
种类组成与种群数量特征	按样方分植物种监测： 植物种名、株数/多度、叶层平均高度、盖度、 生活型、物候期	每年监测，1 次/a（生长季）
群落特征	基于分种调查，按样方统计： 种数、优势种、优势种平均高度、密度/多度 按样方监测： 群落盖度	每年监测，1 次/a（生长季）
群落物种多样性	物种丰富度、多样性指数	1 次/a

1.4.2.3 关键植物的物候

主要对关键植物的重要物候期进行观测（表 1-13）。

表 1-13 关键植物物候的监测指标

项目	指标	频度
关键植物的物候	开花始期、开花盛期、开花末期	每年动态监测

1.4.2.4 动物群落种类组成与结构

根据草原草甸生态系统的特点，主要对蝗虫、毛虫、啮齿动物、鸟类、大型野生动物等进行观测（表 1-14）。

表 1-14　草原草甸动物群落种类组成的监测指标

项目	指标	频度
蝗虫种类与数量	分种记录数量	1 次/5 a
毛虫种类与数量	分种记录数量	1 次/5 a
鸟类种类与数量	分种记录数量	1 次/5 a
家畜种类组成	家畜种类、数量、载畜率、喂养方式	1 次/5 a；年末
大型野生动物种类与数量	分种记录数量	1 次/5 a

1.4.2.5　植被类型和空间分布

整个自然保护区内植被类型和空间分布的监测指标见表 1-15。

表 1-15　植被类型和空间分布的监测指标

项目	指标	频度
植被类型、面积与分布	植被类型、群落名称、面积、地理位置、分布特征、分布图（含经纬度坐标）	1 次/10 a；夏季

1.4.2.6　灾害

整个自然保护区遭受自然灾害的监测指标见表 1-16。

表 1-16　自然保护区灾害的监测指标

项目	指标	频度
灾害	灾害发生的时间、结束时间、影响范围、强度与规模、影响对象	动态监测

1.4.3　野外监测与采样方法

草原草甸生态系统的监测样地背景和生境描述与森林生态系统监测基本一致。

1.4.3.1　植物群落种类组成与数量特征调查

与森林生态系统相比，草原草甸生态系统相对简单。按照预先设计好的监测方案采用样方法调查。样方的大小，应以群落最小面积为准，一般采用的样方面积为 1 m×1 m。

我国草原草甸的生长季基本上是由 5 月初开始至 10 月底结束，因此规定：草原草甸类型自然保护区的植物群落种类组成与数量特征调查每年一次，集中在 8 月份开展。

1.4.3.2　蝗虫种类与数量

在主要发生期（6—9 月的每月 15 日）连续调查，区域为监测样地范围内的固定调查点。在许多昆虫的数量调查方法中，样方法和夜捕法是适合于草原草甸群落蝗虫数量调查的两种较好的取样方法。

（1）样方法

样方法是植物生态学中普遍应用的方法。在地上设置一定大小的无底样框，调查其中昆虫的个体数。草原草甸群落蝗虫调查的样框大小一般为 1 m×1 m×0.5 m（高），重复次数一般不低于 30 次。

（2）夜捕法

这是一种较好的蝗虫取样方法。夜捕器由一个 68 L 的褐色塑料筒改制而成，将其倒置，围成 0.125 m² 的面积，在距地面 23 cm 处开一个直径 10 cm 的小孔，连接一个透明的塑料杯。在这个塑料杯的下方再开一个直径 5 cm 的小孔，再连接一个小的透明塑料杯，内盛 120 mL 的肥皂水。夜捕器内用一个斜棍连接小杯和地面，以引导蝗虫向有光线的小杯移动。夜捕器在夜晚随机放置在野外，一般每个样地放置 12～21 个夜捕器，次日上午计算掉入小杯中的蝗虫数。

1.4.3.3　毛虫种类与数量

毛虫常用的测定方法有直接法和间接法。直接法包括样方统计法、线形或带状样条调查法等；间接法包括有效基数法、气候图法、生命表法。在此介绍样方统计法。

样方统计法适用于草原草甸生态系统的长期观测。根据毛虫的野外系统调查资料，进行统计分析，计算出单位面积内的毛虫数量。

（1）仪器与用具

样方框（50 cm×50 cm），计数器，铅笔，油性记号笔。

（2）操作步骤

①记录对生境情况的简单描述。

②选取样地：在监测样地随机选取 6 块大样方，将样方框放置于当年所做的小区域之内。

③数量统计：用 50 cm×50 cm 的样方框，在取样单元内计数样方框内的毛虫数量，隔天重复调查一次。生命阶段的数量统计根据需要进行。

④结果计算：由以上调查可以求出各样方统计密度的平均值，进而求出单位面积内草原毛虫的数目。

1.4.3.4　小型兽类种类与数量（啮齿动物）

该项目的调查主要在小型兽类（啮齿动物）活动高峰期开展，调查区域为监测样地范围内的固定调查点，一般要连续观测一段时间。野外调查方法主要有夹日（捕）法、去除法（IBP 标准最小值法）和标志重捕法等。

（1）夹日（捕）法

根据生境类型选择样地，确定样线，放置捕获器，根据每日捕获的动物种类以及丢失的捕获器数量来统计动物数量。

①仪器与用具

木板夹（或其他捕捉工具），布袋，塑料袋，铅笔，油性记号笔。

②操作步骤

1）选用合适木板夹（或其他捕捉工具）以及诱饵，沿样线放置木板夹，间隔为 5 m，共放 50 个，同一样地连捕 3 d，每隔 24 h 检查一次。将捕获的动物装入小布袋内，扎紧口，并补充诱饵，重新放置好踩翻的夹子，对缺失的夹子要在周围仔细查找，记录当日捕捉的动物种类与数量以及丢夹数。

2）沿线随机选择 10 个样点，进行环境要素调查。

3）使用过的木板夹用水或来苏水消毒清洗、晒干，以备再用。

4）结果计算：

$$D = \frac{\sum_{i=1}^{m} M_i}{\sum_{i=1}^{m} (150 - d_i)} \times 100\%$$

式中：D——捕获率，%；

　　　M——第 i 块样地捕获动物总数，只；

　　　d——第 i 块样地丢夹数，个；

　　　m——总样地数，个。

（2）去除法（IBP 标准最小值法）

根据生境类型，选取样方，根据每日捕获数与捕获累积数之间的关系，估算种群数量。

①仪器与用具

木板夹（或其他捕捉工具），铅笔，油性记号笔。

②操作步骤

1）选用合适木板夹（或其他捕捉工具）以及诱饵，在 16 m×16 m 的网格点上放置夹子，每点相距各 15 m，每点放置 2 个夹子，共放置 512 个夹子。正式调查前诱捕 3 d。然后正式捕捉 5 d，逐日检查，记录捕捉种类与数量。

2）以每日捕获数为纵坐标，捕获累积数为横坐标，绘制曲线，用线性回归法估计动物数量，然后以直线与横坐标的交点上的数值为种群数量上的估计值 K。

3）将估计值 K 除以样方面积 5.76 hm² 便可求得每公顷内动物的绝对数量。但这种计算方法过高估计了绝对密度，因为样方周围的动物也被计算在内。

4）可以通过以下方法消除边界的影响：16 m×16 m 棋盘网格布夹从里到外形成 8 层夹线，每层夹数的夹子数分别是 8、24、40、56、72、88、104、120 个，共 512 个，计算每层夹线捕获率（%）。

通常最外层夹捕最高，向内依次降低，夹捕率稳定在某一水平时的边界可作为有效边界，以此估算单位面积绝对数量，这个绝对密度基本上消除了边界的影响。

（3）标志重捕法

根据生境类型选取样方，将捕获的动物标志后原地释放，再重捕。根据捕捉的标志动物数和取样数量估计动物数量。

①仪器与用具

活捕器，剪刀，碘酒，钳子，标码金属片，铅笔，油性记号笔。

②操作步骤

1）选用适宜的活捕器及诱饵，活捕器注意防风遮雨，避免日光暴晒，冬季注意保暖。在样地按 10 m×10 m 方格棋盘式布放 100 个活捕器，每点间隔 10 m，每隔 6 h 检查一次。

对捕获动物进行雌雄鉴别和体重测量，并按剪趾法或耳标法做标志，然后原地释放，记录有关信息（包括标记死亡、逃逸等）。同一样地连捕 5～6d。

2）剪趾法的具体做法是：从腹面观，依次从左到右编号。为不影响动物的活动，一般剪趾 1～2 个，特殊情况下可剪 3 个。剪趾时尽量不超过第二个趾关节，剪趾后用碘酒消毒。

3）耳标法是用钳子将特制的印有编号的金属片嵌在动物耳部。原理与剪趾法相同。

4）结果计算：

$$数值估算公式：N=（M×n）/m$$

式中：N——绝对数量，只；

M——标志总数（要除去标志死亡体），只；

n——取样数量，只；

m——取样时带标志的动物数，只。

由于样方面积为 1hm^2，因此 N 可直接转换成绝对密度。又由于标志的动物会扩散到样方外，所以 N 是偏高估计。

种群总数的 95%置信区间为 $N\pm2SE$，其中：

$$SE = N\sqrt{[(N-M)(N-n)]/[(M\times n)(N-1)]}$$

实际操作时应根据生态站的实际情况，选用其中的一种或两种方法，以便于进行比较分析。

1.4.3.5　鸟类和大型野生动物种类与数量

草原草甸生态系统鸟类和大型野生动物种类和数量的观测，常采用路线统计法或样点统计法。对于大型水禽，建议采用水禽直数法，具体操作参见湿地生态系统迁徙鸟类监测。

1.4.3.6　家畜种类与数量

采用社会调查的方法，对站区调查点周边的牧户进行访问调查，并将调查数据与当地统计部门核对后填报。调查项目包括家畜种类、数量、草场载畜率、饲养方式、不同年龄个体的平均体重、年饲草消耗量等。

1.5　荒漠生态系统类型自然保护区生态监测规范与方法

我国的荒漠生态系统（含半荒漠生态系统）主要分布于西北干旱、半干旱地区。气候干旱、风沙活动强烈、植被稀疏，是其区别于其他生态系统类型的主要外部标志。在荒漠、半荒漠地区，由于植被稀疏、土壤含沙量高和风力强劲频繁，风蚀或积沙现象普遍，土壤和植被稳定性较差。荒漠生态系统类型自然保护区作为不可替代的生物多样性极度脆弱区域，对其进行长期监测具有重要意义。

1.5.1　监测样地设置与采样设计

根据自然保护区生态监测一般性规范要求，生态监测主要集中在对自然保护区内旗舰物种、珍稀濒危物种、特有种、外来入侵物种及典型自然生态系统的监测。

参照森林生态系统的操作步骤设置各个监测样地，并完成各项材料的存档。

1.5.1.1　荒漠区监测样地的设置和管理

（1）监测样地应设置在本地区最具典型性和代表性的地段，要求地势平坦、开阔，土壤和植被分布比较均匀。在监测样地四周 100 m 范围内，不能有大的风蚀区，也不能处于正在快速移动的流动沙丘的下风向，以避免受到风蚀或风沙流的影响。

（2）在干旱地区，监测样地要避开人畜频繁活动区，特别要与农业区保持一定距离。在半干旱地区，监测样地要注意避开那些土壤基质不够稳定的地段。

（3）监测样地的面积应为 100 m×100 m。所选地块最好是正方形；个别台站受自然条件限制，地块长宽比可适当调整，但面积应尽量满足要求。样地周围如果容易受到人为干扰，最好在 100 m 范围内设围栏保护，以减少其所受影响。

（4）监测样地确定之后，应该用围栏进行保护，并设立警示标志，以防止家畜进入或人为破坏。同时，在内部日常观测路线确定以后，应对观测线路进行地面硬化（铺砖或架设低矮观测廊桥），以避免长期践踏导致地表裸露，引起土壤风蚀。

（5）按照机械布点原则，在样地内设置 13 个样方，作为永久固定观测样方，用于植物群落物种组成的观测。样方大小参考下列指标：乔木层：10 m×10 m；灌木层：10 m×10 m（大灌木）或 5 m×5 m（半灌木）；草本层：1 m×1 m。不同层次的样方向下包含，即草本层样方在灌木层样方中划取，灌木层样方在乔木层样方中划取（如果有乔木层）。

（6）自然保护区内各植物群落类型的监测样方，要求至少有 5~10 个重复。监测样地建立之后，应对样地的植被进行一次详细的种群和群落学调查，绘制植被图并记录。

（7）要注意加强监测样地的日常管理，避免或减少各种自然和人为因素的干扰。如果监测样地受到破坏，要及时进行修补；发现隐患，要及时消除。同时，记录样地受损的部位、原因及可能造成的影响并及时设法消除所产生的不良影响。

1.5.2　指标体系

1.5.2.1　生境要素

生境要素监测项目每 5 年监测 1 次，见表 1-17。

表 1-17　荒漠生物群落生境要素的监测项目

项目	项目
植物群落名称	群落高度
水分状况	动物活动
人类活动	利用方式
利用强度	演替阶段或林龄

1.5.2.2　植物群落种类组成与数量特征

这部分的监测内容主要包括植物种类组成、种类成分的数量特征、群落特征等（表 1-18）。

表 1-18　荒漠植物群落种类组成与数量特征的监测指标

项目	指标	频度
乔木层种类组成与种群数量特征	每木调查： 植物种、胸径、高度 基于每木调查，查材积表或用模型换算乔木个体蓄积量 分植物种调查：盖度、生活型	1 次/5 a
灌木层种类组成与种群数量特征	按样方分植物种监测： 株数/多度、平均高度、随机 10 株的基径、盖度、生活型、物候期	1 次/5 a；夏季
草本层种类组成与种群数量特征	按样方分植物种监测： 株数/多度、叶层平均高度、盖度、生活型、物候期	1 次/5 a；夏季
乔木层群落特征	基于每木调查，按 II 级样方统计： 种数、优势种、优势种平均高度、密度 按样方监测： 群落郁闭度	1 次/5 a
灌木层群落特征	基于分种调查，按样方统计： 种数、优势种、优势种平均高度、密度/多度 按样方监测： 群落盖度	1 次/5 a；夏季
草本层群落特征	基于分种调查，按样方统计： 种数、优势种、优势种平均高度、密度/多度 按样方监测： 群落盖度	1 次/5 a；夏季
群落物种多样性	物种丰富度、多样性指数	1 次/5 a

1.5.2.3　关键植物的物候与短命植物生活周期

主要对关键植物的重要物候期进行监测，见表 1-19。

表 1-19　关键植物的物候与短命植物生活周期的监测指标

项目	指标	频度
关键植物的物候	乔木和灌木植物： 展叶期、开花始期、开花盛期、开花末期、叶秋季全部变色期、落叶末期 草本植物： 开花始期、开花盛期、开花末期	每年动态监测
短命植物生活周期	植物种、密度、盖度、黄枯期	1 次/5 a；生长季

1.5.2.4 动物群落种类组成与结构

根据荒漠生态系统的特点，主要对鸟类、大型野生动物等进行观测（表1-20）。

表1-20　荒漠动物群落种类组成的监测指标

项目	指标	频度
鸟类种类与数量	分种记录数量	1次/5 a
大型野生动物种类与数量	分种记录数量	1次/5 a

1.5.2.5 植被类型和空间分布

荒漠生态系统类型自然保护区内植被类型和空间分布的监测指标见表1-21。

表1-21　植被类型和空间分布的监测指标

项目	指标	频度
植被类型、面积与分布	植被类型、群落名称、面积、地理位置、分布特征、分布图（含经纬度坐标）	1次/10 a；夏季

1.5.2.6 自然灾害

整个自然保护区遭受自然灾害的监测指标见表1-22。

表1-22　自然保护区灾害的监测指标

项目	指标	频度
自然灾害	灾害发生的时间、结束时间、影响范围、强度与规模、影响对象	动态监测

1.5.3　野外监测与采样方法

荒漠生态系统自然保护区的监测样地背景及生境描述、植物群落种类组成及数量特征调查与森林生态系统监测基本一致。

注意事项：（1）由于荒漠地区植被较为稀疏，密度统计时，乔木植被最好采用50 m×50 m或100 m×100 m的大样方。灌木、半灌木植被采用10 m×10 m或5 m×5 m的样方，草本植物采用1 m×1 m样方；（2）密度调查时，对于受到沙埋的灌丛，如果能确定几株植物组成的就算几株植物，如果难以确定是由几株植物组成的可将整个灌丛沙堆算做一株。

1.6　湿地生态系统生物野外观测规范与方法

湿地是介于陆地和水体之间的过渡生态系统类型，具有两个基本特征：一是在重要植物生长期内水位至少接近于地表；二是在土壤处于饱和含水时，遍布喜湿性植物。湿地植物群落既有草地、灌丛和森林等类型，又有不同的淹水状况，给湿地植物及其群落的观测带来较大困难。在湿地植物监测中，应根据不同情况选用不同的监测指标和方法。本章内容主要针对草本湿地生态系统，对于湿地乔木和湿地灌木的监测规范与方法可适当参照森林生态系统监测的相关内容。

湿地生态系统由于其环境的特殊，具有自己独有的动植物类型，而且湿地生态系统对环境变化比较敏感。发生在湿地中的各种生物地球化学过程及其形成作用（包括水循环），对生物栖息地和食物网的维持都具有重要的意义。因此，湿地生态系统的保护和研究越来越受到重视，湿地生态系统的长期定位观测研究也就更具意义。湿地生态系统的生物观测内容，重点包括以下四个方面：（1）不同水文条件下，湿生植被优势种群结构变化、演替（自然状态下）；（2）水环境变化下，植被变化、演替（人类扰动下）；（3）湿地鸟类（反映大环境变化）及关键底栖动物（反映小环境变化）变化；（4）区域内植被分布区变化。

1.6.1　监测样地设置与管理

根据自然保护区生态监测一般性规范要求，生态监测主要集中在对自然保护区内旗舰物种、珍稀濒危物种、特有种、指示物种、外来入侵物种及典型自然生态系统的监测。

1.6.1.1　监测样地布局

设置监测样地时要根据观测内容合理选择。总的设置原则是样地具有代表性和科学性，布局合理，利于观测人员的观测及日常巡护。在自然保护区中最具代表性的湿地植物群落类型的典型地段设置监测样地。参照草原草甸生态系统的操作步骤设置各个监测样地，并完成各项材料的存档。

1.6.1.2　监测样地设置

（1）监测样地设置原则

保持湿地生态系统的天然状态是设置固定样地的基本原则。湿地植物群落长期固定监测样地应设置在具有该植物群落典型特征的代表性区域。避免在两个群落的过渡带上设置样地，否则，解释调查结果有偏差，影响观测数据的可靠性。为提高调查精度，可以扩大调查面积。样地面积过小，不能反映植物群落特征，但调查面积过大，则工作量也大。湿地植物固定样地与样方设置必须依据以下原则：

①典型性和代表性原则。样地具有较好的代表性，土壤、植被分布相对均质，有限的调查面积能够较好地反映出植物群落的基本特征。

②自然性原则。选择人为干扰和动物活动影响相对较少的地段，并且样地能在较长时间保持不被破坏。

③充分性原则。监测样地内或监测样地外有足够的植物可供取样分析，同时便于气象观测或资料的收集，以及土壤水分观测和土壤样品取样分析等。对固定观测样地进行围栏封育，围栏面积要大于观测样地的实际面积。

④样地保护原则。在进行植物及其群落调查与观测时，要尽量减少观测活动对监测样地生态环境的干扰。应选择对湿地生态系统破坏性较小的观测方法，避免观测对湿地生态

系统造成大的影响。

（2）操作步骤

①选择湿地监测样地，确定样地边界，监测样地面积应大于 4 hm²。利用遥感制图及实地调查手段，绘制样地内植被类型分布图。

②对样地的自然环境和人类活动情况进行描述，主要内容包括：对样地所处的地貌特征（平地、低山、丘陵、高原、阶地、河漫滩、冲积扇等）、积水环境、水质条件和人为干扰（开荒、挖渠、排水、道路建设、污染等）、自然灾害（如滑坡、泥石流、火灾、旱灾、涝灾等）和动物活动（鼠害等）及影响情况做翔实的记录。

③在监测样地内划出若干个典型植物群落的 10 m×10 m 固定观测样方，湿地生态系统的监测在选定的 II 级样方内进行。一般来说，湿地草本植物样方面积为 1 m×1 m，灌丛为 5 m×5 m（小灌木）或 10 m×10 m（大灌木），至少需要 10 个重复。对于湿地草本植物的监测，应在每一个被选择的 II 级样方内设置 2 个 1 m×1 m 的固定小样方。

④调查内容。优势种的主要特征：种名、高度、盖度、数量等，同时标明在水平地带或垂直地带上属于何种植被类型；每种植物的调查：种名、生活型、季相、高度、盖度等特征。

⑤在样地周边竖好标桩，编制样方号，采用 GPS 测定其准确的地理坐标位置，用高程表和 GPS 测出海拔高度，认真填写记录表，并在室内建档。

1.6.2 指标体系

1.6.2.1 生境要素

生境要素监测项目每 5 年监测 1 次，见表 1-23。

表 1-23　湿地生物群落生境要素的监测项目

项目	项目
植物群落名称	群落高度
地下水位或水深	动物活动
人类活动	土地利用方式
土地利用强度	演替特征

1.6.2.2 植物群落种类组成与数量特征

这部分的监测内容主要包括植物种类组成、种类成分的数量特征、群落特征等（表1-24）。

表 1-24　湿地植物群落种类组成与数量特征的监测指标

项目	指标	频度
种类组成与种群数量特征	按样方分植物种监测： 植物种名、株数/多度、叶层平均高度、盖度、生活型、物候期	1 次/a；夏季

项目	指标	频度
群落特征	基于分种调查，按样方统计： 种数、优势种、优势种平均高度、密度/多度 按样方监测： 群落盖度	1 次/a；夏季
群落物种多样性	物种丰富度、多样性指数	1 次/5 a

1.6.2.3　关键植物群落物候

主要对关键植物的重要物候期进行监测，见表 1-25。

表 1-25　关键植物物候的监测指标

项目	指标	频度
关键植物的物候	开花始期、开花盛期、开花末期	每年动态监测

1.6.2.4　动物群落种类组成与结构

根据湿地生态系统的特点，主要对迁徙鸟类、脊椎动物、底栖动物等进行监测（表 1-26）。

表 1-26　湿地动物群落种类组成的监测指标

项目	指标	频度
迁徙鸟类种类与数量	种类、居留型、数量	3 次/a
脊椎动物种类与数量	鱼类、两栖类、爬行类、鸟类及兽类种类、数量、生境特点	1 次/a
底栖动物种类与数量	种类、数量	1 次/5 a

1.6.2.5　植被类型和空间分布

湿地生态系统类型自然保护区内植被类型和空间分布的监测指标见表 1-27。

表 1-27　植被类型和空间分布的监测指标

项目	指标	频度
植被类型、面积与分布	植被类型、群落名称、面积、地理位置、分布特征、分布图（含经纬度坐标）	1 次/5 a

1.6.2.6　自然灾害

整个自然保护区遭受自然灾害的监测指标见表 1-28。

表 1-28　自然保护区灾害的监测指标

项目	指标	频度
自然灾害	灾害发生的时间、结束时间、影响范围、强度与规模、影响对象	动态监测

1.6.3　野外监测与采样方法

湿地生态系统自然保护区的监测样地背景及生境描述、植物群落种类组成及数量特征调查与草原草甸生态系统监测基本一致。

对于地表积水状况，记录积水深度及其季节变化特征。

1.6.3.1　关键植物的物候

湿地植物的物候监测频次为每年进行观测，时间为整个生长季，可根据自然保护区的具体情况选择在不同时间段对自然保护区的关键植物进行监测。如在三江平原湿地可选择毛果苔草（*Carex lasiocarpa*）湿地，小叶章（*Calamagrostis angustifolia*）湿草甸，沼柳（*Salix romarinifolia*）、越橘柳（*Salix myrtilloides*）灌丛作为观测对象。毛果苔草群落，选择毛果苔草和其主要伴生种沼苔草（*Carex limosa*）为监测对象，沼柳灌丛可选择沼柳、越橘柳、柳叶绣线菊（*Spiraea salicifolia*）作为监测对象。它们的返青期、开花期和结果期很接近，监测可在 5 月底到 6 月中旬进行。而小叶章群落，选择毛果苔草与小叶章作为监测对象，小叶章的开花期在 9、10 月份，可在此期间对其进行观测。观测方法采用固定样地样方法，记录各物候期起止日期。记录植物物候期时，可按多年生植物与一年生植物或乔木、灌木与草本，或禾本科与非禾本科植物加以区别，分别予以观测记录。原则上在较为集中的时间内每天观测一次。

具体观测方法参见森林生态系统监测。

1.6.3.2　迁徙鸟类及大型水禽种类与数量

（1）调查地点、时间

观测位点为自然保护区调查点（迁徙鸟类栖息地调查点），调查频次为每五年一次，时间根据各站所在地理区域和在鸟类迁徙中的地位确定，繁殖地调查时间可根据文献或前人的观测选在鸟类迁入、繁殖、迁出三个时间段进行观测，越冬地调查时间为鸟类从迁入到迁出的整个越冬期间，中途停歇地则选在春、秋两季鸟类经过保护区时进行观测。

（2）仪器与工具

双目望远镜或单目望远镜、油性记号笔、鸟类图鉴等。

（3）操作步骤

鸟类调查所采用的方法，主要有小区直数法、水禽直数法和样带法。

①小区直数法（对于大型水禽建议采用该调查方法）

采用分小区抽样调查的方法进行监测，即把整个湿地范围按明显地物标志或按经纬度坐标，分为面积相似的 N 个小区，从中选择 n 个小区进行调查。在水体以外或近岸水域，以一定方向行进，以双筒和单筒望远镜巡视，进行逐个计数。在离岸 200 m 以外的区域，可以乘非机动船在水中划行，以望远镜进行计数。

小区抽样采用系统抽样方法,所抽取的 n 个小区尽可能均匀分布。抽样强度不低于 20%,即 $n/N \geqslant 0.2$,小区之间的最短距离不低于 500 m。如果保护区整体面积较小而且人力充足的话,也可以采用 100%抽样,即全面调查 N 个小区。

小区面积以一个熟练工作人员能在 60～120 min 内完成一次计数为宜,面积一般在 2～5 km^2。

②水禽直数法

首先要选择好水禽的休息场所,因为在休息场水禽较为集中。休息场一经发现,只能进行一次计数。在休息场附近,选择易观察地点,用双目望远镜或单目望远镜观察鸟类并区别种类。如果休息场较小,可以在休息场计数鸟类;休息场比较大或者比较隐蔽时,最好是计数进入休息场的鸟群数量。多数在黄昏及黎明时分且在隐蔽的高处观察较好。

调查区域内所有休息场的鸟群数量,作为调查样地的鸟类种群数量的估计值。记录调查时间及调查样点位置,以确定鸟类迁入及迁出调查样地的时间;填写各时期的鸟类种类及居留型;至于鸟类的保护级别,可查阅相关文献获得,如《中国动物志——鸟类卷》《中国鸟类种及亚种分布大全》《中国珍稀濒危鸟类红皮书》等。

③样带法（路线统计法）,调查方法参照森林鸟类调查方法

1.6.3.3　脊椎动物种类与数量

监测样地为各湿地自然保护区内,种群及数量调查分别在不同的生境类型中进行,有条件的可选择在保护区所代表的区域上再选择 2～3 个调查点作为辅助观测点;频次为每 5 年一次,调查时间按季节进行,每个调查年调查 4 次,鸟类可分为繁殖地和越冬地重点观测。具体调查方法参见森林生态系统监测。

湿地中两栖和爬行类种类和数量的调查方法常采用样线统计法,调查面积应大于所估测面积的 10%。

（1）仪器与工具。测绳、钢卷尺、铅笔、两栖类调查表、油性记号笔等。

（2）调查方法。样线统计法:非繁殖期内,在选定的生境类型中设置若干调查样线,沿样线以一定的速度行走,仔细观察两侧出现的两栖爬行类,记录其种类和数量。

（3）统计。以调查数量除以总线路长可求得相对数量（只/m）。按截线法可计算绝对数量。随机选择若干样点,记录环境要素。

参考文献

[1] Magnuson J J. Long-term ecological research and the invisible present[J]. Bioscience,1990,40:495-501.

[2] Magnuson J J, Robertson D M, Benson B J, et al. Historical trends in lake and river ice cover in the Northern Hemisphere[J]. Science,2000,289:1743-1746.

[3] 傅伯杰,刘世梁. 长期生态研究中的若干重要问题及趋势[J]. 应用生态学报,2002,13（4）:476-480.

[4] Hinds W E. Towards monitoring of long-term trends in terrestrial ecosystems[J]. Environmental Conservation,1984,11:11-18.

[5] Gosz J R. International long-term ecological research:priorities and opportunities[J]. Trends in Ecology and Evolution,1996,11:444.

[6] 中国生态系统研究网络科学委员会. 陆地生态系统生物观测规范[M]. 北京：中国环境科学出版社，2007.

[7] Likens G E. A priority for ecological research[J]. Bulletin of the Ecological Society of America，1983，64：234-243.

[8] Woiwod IP. The ecological importance of long-term synoptic monitoring. In：The ecology of temperate cereal fields，edited by Firbank LG，Carter N，Darbyshire JF & Potts GR，Oxford：Blackwell Scientific. 1991：275-304.

[9] Bai Yongfei，Han Xingguo，et al. Ecosystem stability and compensatory effects in the Inner Mongolia grassland[J]. Nature，2004（431）：181-184.

[10] Vaughan H，Brydges T，Fenech A & Lumb A. Monitoring long-term ecological changes through the Ecological Monitoring and Assessment Network：science-based and policy relevant[J]. Environmental Monitoring and Assessment，2001，67：3-28.

[11] 赵士洞. 国际长期生态研究网络（ILTER）——背景、现状和前景[J]. 植物生态学报，2001，25（4）：510-512.

[12] 国家环境保护总局自然生态保护司. 全国自然保护区名录（2005）[M]. 北京：中国环境科学出版社，2006.

[13] 赵海军，纪力强. 大尺度生物多样性评价[J]. 生物多样性，2003，11（1）：78-85.

[14] 贺金生，马克平. 生物多样性编目和监测的进展[C]//中国科学院生物多样性委员会. 面向21世纪的中国生物多样性保护——第三届全国生物多样性保护与持续利用研讨会论文集. 北京：中国林业出版社，2000.

[15] 王秀磊，李迪强，吴波，等. 青海湖东—克图地区普氏原羚生境适宜性评价[J]. 生物多样性，2005，13（3）：213-220.

[16] Ouyang Z Y，Liu J G，et al. An assessment of giant panda habitat in Wolong Nature Reserve[J]. Acta Ecolocgica Sinica，2001，21：1869-1874.

[17] Chen L D，Liu X H，Fu B J. Evaluation on giant panda habitat fragmentation in Wolong Nature Reserve[J]. Acta Ecologica Sinica，1999，19：291-297.

[18] Xiao Y，Ouyang Z Y，et al. An assessment of giant panda habitat in Minshan，Sichuan，China[J]. Acta Ecologica Sinica，2004，24：1373-1379.

[19] 李贺鹏，张利权，王东辉. 上海地区外来种互花米草的分布现状[J]. 生物多样性，2006，14（2）：114-120.

[20] Shamping W J. Quality assurance and quality control in monitoring programs[J]. Environmental Monitoring and Assessment，1993，26：143-151.

[21] Sykes J M，Lane A M. The United Kingdom Environmental Change Network：Protocols for standard measurements at terrestrial sites[R]. London：Natural Environmental Research Council，1996：22-24.

[22] Beard G R，Scott W A，Adamson J K. The value of consistent methodology in long-term environmental monitoring[J]. Environmental Monitoring and Assessment，1999，54：239-258.

[23] Oakley K L，Thomas L P，Fancy S G. Guidelines for long-term monitoring protocols. Wildlife Society Bulletin，2003，31：1000-1003.

[24] 祝廷成，钟章成，李建东. 植物生态学[M]. 北京：高等教育出版社，1988.

[25] 董鸣. 陆地生物群落调查观测与分析[M]. 北京：中国标准出版社，1996.

[26] 孙儒泳，李庆芬，等. 基础生态学[M]. 北京：高等教育出版社，2002.

[27] 吴征镒. 中国植被[M]. 北京：科学出版社，1980.

[28] Cottam G，Curtis JT. A method for making rapid surveys of woodlands by means of pairs of randomly selected trees[J]. Ecology，1949，30：101-104.

[29] Cottam G，Curtis JT. Correction for various exclusion angles in the random pairs method[J]. Ecology，1955，36：767.

[30] Goldsmith F B，Harrison G M. 植被的描述与分析/植物生态学的方法[M]. 阳含熙，等，译. 北京：科学出版社，1980.

[31] 张绅，方任吉. 无样地法在亚热带常绿阔叶林调查中的应用[J]. 植物生态学与地植物学丛刊，1981，5（2）：138-146.

[32] 王伯荪，张志权，等. 南亚热带常绿阔叶林取样技术研究[J]. 植物生态学与地植物学丛刊，1982，6（1）：51-61.

[33] 李春喜，王志和，王文林. 生物统计学[M]. 北京：科学出版社，2000.

[34] 宋永昌. 植被生态学[M]. 上海：华东师范大学出版社，2001.

[35] Sutherland W J，等. 生态学调查方法手册[M]. 张金屯，译. 北京：科学技术文献出版社，1997.

[36] 刘南威. 自然地理学[M]. 上海：华东师范大学出版社，2000.

[37] 林业部调查规划院. 森林调查手册[M]. 北京：中国林业出版社，1984.

[38] 姜汉侨，段昌群，等. 植物生态学[M]. 北京：高等教育出版社，2004.

[39] 考克斯 G W. 普通生态学实验手册[M]. 蒋有绪，译. 北京：科学出版社，1979.

[40] Daubenmire R. 植物群落-植物群落生态学教程[M]. 陈庆诚，译. 北京：人民教育出版社，1981.

[41] Chapman S B. 产量生态学和养分预算. 蒋有绪，译. //Chapman SB. 植物生态学的方法. 阳含熙，等，译. 北京：科学出版社，1980.

[42] Mueller-Dombosis，Ellenberg. 种的产量测定[M]. 张绅，译. //Mueller-Dombosis，Ellenberg. 植被生态学的目的和方法. 鲍显诚，等，译. 北京：科学出版社，1986.

[43] 魏占才. 森林调查技术[M]. 北京：中国林业出版社，2006.

[44] Fisher R A，Corbet & Williams. The relation between the number of individuals and the number of species in a random sample of an animal population[J]. J. Anim. Ecol.，1943，12：42-58.

[45] 马克平，刘玉明. 生物群落多样性的测定方法 I 多样性的测定方法（下）[J]. 生物多样性. 1994，2（4）：231-239.

[46] Pielou E C. 1969. 数学生态学引论[M]. 卢泽渔，译. 北京：科学出版社，1978.

[47] 王义弘，李俊清，王政权. 森林生态学实验实习方法[M]. 哈尔滨：东北林业大学出版社，1990.

[48] 宛敏渭，刘秀珍. 中国物候观测方法[M]. 北京：科学出版社，1979.

[49] 王伯荪，余世孝，等. 植物群落学实验手册[M]. 广州：广东高等教育出版社，1996.

[50] 陈佐忠，汪诗平. 草地生态系统观测方法[M]. 北京：中国环境科学出版社，2004.

[51] 卢琦，李新荣，等. 荒漠生态系统观测方法[M]. 北京：中国环境科学出版社，2004.

[52] 吕宪国，等. 湿地生态系统观测方法[M]. 北京：中国环境科学出版社，2005.

[53] 陈伟民，黄祥飞，等. 湖泊生态系统观测方法[M]. 北京：中国环境科学出版社，2005.

第 2 章　自然保护区管理评估

当我们步入 21 世纪时，几乎十分之一的世界陆地表面是某种形式的保护区——自然保护区、国家公园、风景名胜区和荒野地以及海洋保护区。对于世界上任何政府和保护组织而言，这是一个引人瞩目的成就，显示了其对生物多样性的保护、环境服务功能的维持、文化价值的保护以及美学和伦理学价值的重视。

但是，直到今天，我们对保护区状况的了解仍然何其之少，远远低于我们通常对事物的了解程度。这不仅是出于学术上的兴趣，而且是生物多样性保护的迫切需要。我们对保护区认识的贫乏表现在许多保护区处境不佳，受到各种影响。在某种情况下，甚至关重要的保护价值存在丧失的危险，部分保护区仅徒有其名，即所谓"纸上保护区"——仅存在于地图上而在现实中从未真正得到落实。

无疑，我们一方面要建立新的保护区，另一方面努力对保护区实施有效管理，两者不可偏废。因此，人们对于监测和评价保护区的管理有效性，并将结果用于改进现行管理的兴趣正在不断地增加。

目前，我国自然保护区数量和面积发展很快，但管理水平却远远未能跟上自然保护区发展速度。由于普遍存在着财力、物力和人力不足的困难，保护区在管理机构设置、人员配置、经费来源、基础设施建设和保护措施的落实等方面都存在许多问题。为提高自然保护区建设和管理的质量水平，使保护区真正担负起保护自然环境和自然资源的责任，必须加强对自然保护区管理的监督检查。《国家级自然保护区监督检查办法》规定：对每个国家级自然保护区的建设和管理状况的定期评估，每 5 年不少于一次。因此，作为监督检查的基本手段，建立自然保护区管理评价指标和评判标准显得十分必要。本研究拟通过对自然保护区管理影响因子的全面综合分析，结合自然保护区国内外发展趋势，构建一套实用且易操作的自然保护区管理评估标准。

2.1　国内外研究进展

自然资源的保护现已成为全球关注的重要议题，在自然保护区管理方面的国际参与越来越多，国际社会通过全球和地区性公约、国际性非政府组织的努力以及涉及保护区的行动表达他们的兴趣，这些行动包括对国际生物多样性保护项目的支持，如全球环境基金，（Global Environment Facility，GEF）和许多发展援助项目，其大多与保护区有关。所有这些支持和援助都规定了他们资助的优先领域（Green 等，1997），以及不论是在单个保护区水平乃至在国家水平和国际水平的项目应具备管理有效性。

在国家水平上，《生物多样性公约》（Convention on Biological Diversity，CBD）第 8

条要求将监测和评价系统纳入国家保护区系统规划。IUCN 已经出版了起草国家保护区系统规划的建议（Davey，1998）。在国家水平上，保护区管理有效性评价的主要利益相关者通常是保护区主管部门和财政部门。这些机构需要知道单个保护区是否被有效地管理，国家保护区政策和法律是否有效地实施。这些机构经常对政府的其他部门作出说明，以表明它们恰当地使用了资源来有效地管理保护区网络。

虽然对保护区综合评价系统已有几种提议（如 Silsbee and Peterson，1991；Chrome，1995；Briggs 等，1996；Davey，1998），但仅有少数保护区的管理机构实施了这些系统。在英国，威尔斯乡村委员会（Countryside council for Wales）已经发展了与规划和管理系统密切联系的手段，监测具有特殊科学价值的保护区（Sites of Special Scientific Interest）（Alexander and Rowell，1999）。在澳大利亚，大堡礁海洋公园管理局（Great Barrier Reef Marine Park Authority）和澳大利亚海洋科学研究所（Austrian Institute of Marine Science）已经建立了长期监测大堡礁海洋项目（Sweatman，1997），但是，它们的内容主要针对生物状况，不能认为是对管理有效性的全面评价。致力于管理有效性的努力通常更多地集中在数量相当少的并精心挑选的地区，并且经常依赖与管理者共同工作的教育界人士和研究人士（如 Thoresell，1982；Hockings，1998；Cifuentes and Izurieta，1999；Jones，2000）。

针对管理机构的一次性评价或仅评价管理项目中的一项的情况更为常见（如 Kothari 等，1989；Edwards，1991；Countryside Commission，1991；WWF and the Department of Environment and Conservation，1992；Environment and Development Group，1997），着眼于管理的特殊方面或资源的特殊状况的监测项目也相当普遍。尽管它们不是经常为整体的管理有效性提供可靠的指导，但是，这种以特殊价值资源和特别关注的资源为目标的监测计划应该成为任何综合评价系统不可或缺的一部分。

在地区和全球水平上，对保护区的状况关注较少，没有公认的能够使用的方法，也没有组织对收集信息和比较信息负有直接责任。最活跃的机构是世界保护区委员会（IUCN World Commission on Protected Area，WCPA）和世界保护监测中心（World Conservation Monitoring Centre，WCMC），现为联合国环境规划署（UNEP）的一部分。他们共同创建并维护了全球保护区数据库，该数据库拥有 3 万条记录（Green and Paine，1997），集中了关于名称、地点、目标、IUCN 保护区管理类型、大小和建立年份等描述性信息。数据库成为定期性的联合国保护区名录的基础（IUCN，1998）。尽管数据库在预算和人员方面只有有限的信息（James，1999），但 WCMC 打算纳入管理有效性的其他手段扩展数据库以发展指标并作为数据（Green and Paine，1997）。

十年一度的世界公园大会提供了更新和改进信息的手段，在世界公园大会于 1992 年在加拉加斯召开后，题为"保护自然：保护区的地区性评价（Protecting Nature：Review of Protected Areas）"的保护区评价著作出版（McNeely 等，1994），尽管这代表了已有最为全面的保护区评价，但是仍有必要采取更广泛的手段。IUCN 也进行了更详细的研究，例如在印度—马来亚地区。但是这些研究在范围上是有限的，而且显然是非常肤浅的（MacKinnon and MacKinnon，1986）。

在国家和地区水平上，非政府组织也进行了保护区有效性评价，例如，拉美自然保护组织（Nature Conservancy in Latin America）和 WWF 巴西、哥伦比亚、巴基斯坦和秘鲁进行的研究。WWF 欧洲办公室、WWF 和世界银行也在重要的森林国家进行了洲际范围和全球尺度的研究（Carey 等，2000）。具有全球意义和系统意义的问题是主管部门是否有能力有效地管理他们的保护区，管理是否得到了落实。管理能力有许多内容，不是单一的手段，主要内容是管理体制，提供资源和社区支持的水平。这些内容相互联系。在一个国家有效的法律，对于法律和社会制度不同的国家可能是完全不适用的。同样，在某些管理需要的评价上，为管理评价提供资源的适合度仅仅是可能的。

在过去的几十年中，国内外许多学者都曾在保护区评价标准方面做过研究，但多半集中在对保护区生态环境质量的评价而对保护区有效管理评价方面的研究较少。John Mackinon 1986 年曾设计过一张"保护区有效管理调查表"，其中罗列了许多管理目标细项，但尚没有进行系统的指标筛选整理，也没有制定赋分评判标准，仅停留在对调查表中问题回答"是"或"否"的水平上。国内学者也做过一些探索，但常常把评价管理水平的指标和评价生态质量的指标混在一起，不易操作，因而始终未能有一个评价标准得到实际应用。

我国的自然保护区相关主管部门对保护区管理有效性评估也做了大量有益的探索。作为我国自然保护区综合管理部门，原国家环保总局于 1999 年提出《国家级自然保护区评审标准》（环发[1999]67 号），对保护区管理提出了基本要求，并于 2002 年（环办[2002]108号）、2003 年（环办[2003]105 号）分别发出通知，对环保系统国家级自然保护区进行预评估，同时发布了《国家级自然保护区管理工作评估项目赋分表（试行）》、《国家级自然保护区管理工作评估指南（试行）》等技术文件，规定了若干指标和赋分标准，为自然保护区的管理提供了一个初步框架。国家海洋局在此基础上，针对海洋自然保护区的特点提出了《保护区管理质量评价方法》（《海洋自然保护区管理技术规范》，GB/T 19571—2004，2004）。但这些标准都不同程度地存在着指标过于复杂、赋分不尽合理、未能完全反映保护区发展趋势等问题。

2.2 我国现行保护区评价方法

由于自然保护区类型多样，生物多样性异常丰富，自然保护区评价是比较复杂的。我国目前采用的自然保护区评价方法主要包括管理评价、资源评价两类。

2.2.1 自然保护区管理评价

由于国家级自然保护区一般拥有最典型、最具代表性的生物多样性区域和自然遗迹等保护对象，能否对其进行有效管理，关系到我国自然保护区事业的健康发展。为促进管理，提高质量，推动自然保护区工作从规模数量型向质量效益型转变，原国家环保总局发布了《国家级自然保护区管理评估工作用表（试行）》（环办[2002]108 号），初步建立了国家级自然保护区管理工作评估机制。

（1）评估要素和项目。评估要素主要为国家级自然保护区管理基础和管理进展两个方面，目的在于通过评估反映国家级自然保护区管理工作进行情况及所形成的管护能力、发展潜力和存在的工作差距等。共设评估项目 20 项，其中"机构设置与人员配置"、"管护设施"、"管理目标与规划计划"、"法制建设与执行情况"、"日常管护"、"科研监测"和"保护对象现状与前景"7 项，因其重要性而作为特定项目。

（2）评估方法与等级。评估采用打分法，每个项目有 4 种高低不等的分值与其实际状况相对应，评估打分应恰当选择其中之一（表 2-1）。总得分 85 分以上者评估等级为优秀，70～84 分者为良好，60～69 分者为合格，59 分以下者为不合格。为避免不同自然生态类型（如森林生态与湿地生态）保护区之间客观上一些不可比因素的影响，评估打分需要比较时应尽量在同类型保护区之间进行。同时，按特定项目最高等级打分限定如下：特定项目中有 1 项其得分为 5 分时（特定项目满分均为 8 分），该保护区评估等级在良好及其以下；得分为 3 分时，等级在合格及其以下；得分为 0 分时，等级为不合格。

表 2-1 国家级自然保护区管理工作评估项目赋分表（试行）

评估要素赋分	评估项目赋分	项目状况赋分
管理基础（42）	1. 机构设置与人员配置（8）	1. 科室设置满足各项工作需要，专业技术人员比例达到 50%以上（8） 2. 科室设置不全，但能满足主要管护业务需要，专业技术人员比例达到 30%以上（5） 3. 同 2，但专业技术人员比例在 30%以下（3） 4. 尚未设立专门的管理机构（0）
	2. 运行经费保障程度（4）	1. 保障程度较好（4） 2. 基本有保障（3） 3. 无保障（1） 4. 无经费（0）
	3. 管护设施（8）	1. 各项设施完备，能满足工作需要（8） 2. 基本完备，可保障主要管护任务的需要（5） 3. 有部分设施，完成主要管护任务存在一定困难（3） 4. 因无基本设施不能开展有效的管护工作（0）
	4. 面积及功能区适宜性（3）	1. 面积适宜，分区合理（3） 2. 同 1，但包含较多社区（2） 3. 面积过大或过小，管理上困难（1） 4. 面积过大，包含社区太多（0）
	5. 范围界线与土地权属（3）	1. 范围界线、土地权属清楚（3） 2. 同 1，但部分地段、地块尚不清楚（2） 3. 存在较大纠纷（1） 4. 未具体划界（0）
	6. 管理目标与规划计划（8）	1. 管理目标明确，规划合理，年度计划完成好（8） 2. 同 1，但规划或计划内容与管理目标不相符（5） 3. 管理目标不明确（3） 4. 管理目标与建立该保护区的目的不同（0）
	7. 法制建设与执行情况（8）	1. 法规制度体系健全，并依法进行管理（8） 2. 没有该保护区专门法规，但仍能依法管理（5） 3. 同 2，但违法活动未得到有效查处（3） 4. 管理机构本身存在违法情况（0）
管理进展（58）	8. 资源本底（4）	1. 出版了综合科学考察报告，并不断有新的发现（4） 2. 开展过综合科学考察，主要情况清楚（3） 3. 开展过单项调查，主要情况尚不够清楚（1） 4. 未进行过有计划、有组织的正规调查（0）

评估要素赋分	评估项目赋分	项目状况赋分
管理进展（58）	9. 日常管护（8）	1. 有效，管护上未出现问题（8） 2. 比较有效，管护上未出现大的问题（5） 3. 基本有效，未出现社会影响极坏的管护性问题（3） 4. 管护无效（0）
	10. 科研监测（8）	1. 有高级职称专业技术人员和与社会科研单位合作机制，且取得明显成果（8） 2. 同1，但尚无明显成果（5） 3. 未进行过有计划、有组织的科研监测项目（3） 4. 工作空白（0）
	11. 宣传教育（3）	1. 作为社会教育和社区技术培训基地，社会影响好（3） 2. 开展了相关工作，但未被列为社会教育基地（2） 3. 未开展社区技术培训或宣传教育尚无社会影响（1） 4. 仅有一些零星宣传工作（0）
	12. 国内外交流与合作（4）	1. 活跃，有自己的网站，并有具体合作项目（4） 2. 同1，但无具体合作项目（3） 3. 无国际交流（1） 4. 无国内交流（0）
	13. 资源持续利用情况（3）	1. 合法，无破坏（3） 2. 合法，但有过度利用的情况（2） 3. 合法，但造成破坏（1） 4. 不合法（0）
	14. 生态旅游（3）	1. 合法，无破坏（3） 2. 合法，但有过度利用的情况（2） 3. 合法，但造成破坏（1） 4. 不合法（0）
	15. 保护对象现状与前景（8）	1. 生态进化，保护对象稳定，管护工作规范，前景好（8） 2. 同1，但管护尚需进一步科学、规范，前景比较好（5） 3. 某些因素有劣变，但总体仍稳定，前景尚好（3） 4. 保护对象退化，且管理无效，前景令人担忧（0）
	16. 环境质量（4）	1. 达标；建（构）筑物与自然景观相协调（4） 2. 同1，但地表水（海水）或空气质量不达标（3） 3. 同1，但建（构）筑物与自然景观不协调（1） 4. 未达标，且建（构）筑物破坏了自然景观（0）
	17. 人类活动情况（3）	1. 核心区、缓冲区内无居民，无生产设施（3） 2. 有居民，但影响不大（2） 3. 居民较多，影响很大（1） 4. 社会上在保护区内建设了生产设施（0）
	18. 与社区及周边关系（4）	1. 有正常协调机制，社会舆论较好（4） 2. 社会舆论无指责（3） 3. 没有大的矛盾，对管护工作未造成显著不利影响（1） 4. 与社区及周边关系紧张（0）

评估要素赋分	评估项目赋分	项目状况赋分
管理进展（58）	19. 自养能力（3）	1. 强，运行经费可主要来自自筹（3） 2. 较强，半数运行经费可来自自筹（2） 3. 一般，但尚能筹集部分资金（1） 4. 微弱（0）
	20. 职工培训（3）	1. 半数以上专业技术人员参加过业务培训（3） 2. 同 1，但只限于管理机构内部培训（2） 3. 只有个别人员参加过培训（1） 4. 无任何培训（0）

2.2.2　自然保护区资源评价指标

随着新的保护区不断建立，也会带来一系列新的问题。如何来判别自然保护区的保护价值，如何确定自然保护区的等级等。为了解决这些问题，必须对自然保护区的资源提出一定的评价指标体系。由于自然保护区类型的多样性和条件的复杂性，要提出一个统一的模式还有一定的困难，通常都是采用一系列指标进行综合的分析和判断。在这方面，最常用的指标有以下几个。

（1）典型性和代表性。这是指自然保护区的对象对于所要保护的那种类型是否有代表性。这一标准对于作为保护典型的生态系统的保护区来说尤为重要。通常在保留有原始植被的地区，保护区最好能包括对本区气候带最有代表性的生态系统，从群落地理学的观点来说，即应设在有地带性植被的地域，它应包括本地区原始的"顶极群落"（稳定群落）。如果原始的生态系统遭到破坏，则保护区应选择在具有代表性的次生的生态系统中。

（2）稀有性。对于很多自然保护区来说，保护稀有的动植物种类及其群体，是一个重要的任务。如果某些自然保护区集中了一些其他地区已经绝迹的、残留下来的孑遗生物种类，就会提高自然保护区的价值。特别是我国南方有些地区，由于特殊的山地地形和温暖湿润的季风气候，没有受到第四纪冰川的严重破坏，有些地区还汇集了一群稀有的物种，形成了所谓第三纪动植物的"避难所"。在这种地区建立自然保护区有着特别重要的意义。

（3）脆弱性。脆弱性是指所保护的对象对环境改变的敏感程度。脆弱的生态系统往往与脆弱的生境相联系，并具有很高的保护价值。但是它们的保护比较困难，要求进行特殊的管理。

（4）多样性。保护区中种群的数量和群落的类型是保护区的又一重要属性。一般来说，种类数量愈多，即多样性程度愈高的类型，其保护价值愈大。这一指标主要取决于立地条件的多样性以及植被发生的历史因素。如果保护区中能包括一定生态序列的各种生物类型的组合，例如垂直带系列，随着距海滨的远近而发生的生物群落的空间变化序列，由于植被发育时间的差异和人为干扰造成的生物群落的演替系列，以及由于局部地区的小气候、地形、坡向、坡位、母岩、土壤、土地利用和生产实践上的区别所造成的多种多样的生物群落，则最为理想。

（5）面积的大小。有些地区由于人为破坏严重，一个保护区的重要性经常随面积的增加而提高。一个自然保护区必须满足维持保护对象所需的最小面积。保护区的最小或最适面积，因保护对象的特征和生物群落类型的不同而有差异。

（6）天然性。习惯上用天然性来表示植被或立地未受人类影响的程度。这种特性对于建立以科学研究为目的的保护区或是核心区，有特别重要的意义。有的保护区既包括天然的，又包括半天然的部分，也是非常理想的。特别是一个具有天然性的保护区，同时又具有稀有性和脆弱性的特点时，则会显著提高其保护价值。

（7）感染力。感染力是指保护对象对人们的感观所产生的美感的程度。虽然从经济学观点来看，不同物种具有不同的利用价值，但是随着人类科学的发展和认识的深化，许多动植物新的经济价值正被逐渐发现。同时，由于不同种类的物种和生物类型是不可代替的，因此从科学的观点来说，很难断言哪一种类型和物种更为重要。但是由于人类的感觉和偏见，不同的有机体具有不同的感染力。例如，对大多数人来说，大熊猫就比某些蜘蛛或甲虫更为重要，即使后者具有更加古老的发生历史和稀有程度。这一标准，对选择风景保护区来说尤为重要。

（8）潜在的保护价值。有些地域一度曾有很好的自然环境，但由于各种原因遭到了干扰和破坏，如森林受到采伐和火烧，草原经过了开垦或放牧，沼泽进行了排水等。在这种情况下，如能进行适当的人工管理或通过天然的改变，生态系统过去的面貌可以得到恢复，有可能发展成比现在价值更高的保护区。当我们找不到原有的高质量的保护区时，这种有潜在价值的地域，也可以被选作自然保护区。

（9）科研的基地。包括一个地区科研的历史、科研的基础和进行科研的潜在价值。

上述 9 个评价自然保护区的标准，有时是互相交叉、互为补充的，例如一个具有代表性的保护区，同时又可能具有多样性、天然性，并具有足够的面积和科研价值，从而增加其保护等级。但也有些标准则往往互相矛盾，相互排斥。例如一个稀有的保护对象往往很难具有典型性或代表性的特征。因此，应用上述标准评价自然保护区，是一个十分复杂的问题。在运用这些标准进行评价时，必须和建立自然保护区的目的结合起来。对于一般的自然保护区来说，典型性、稀有性和脆弱性具有特别重要的意义。有些标准可以独立使用，有些标准要结合起来用。一个保护区要想列为高等级的自然保护区，必须考虑综合因子，而其中必有一个或几个因子占主导地位。

为了保证国家级自然保护区评审工作的顺利进行，确保新建国家级自然保护区的质量，原国家环保总局制定了《国家级自然保护区评审标准》，针对保护区的资源价值、管理水平等方面提出了详细的指标体系和评分标准。该标准规定了设立国家级自然保护区的指标体系和评分标准，评审指标由自然属性、可保护属性和保护管理基础三个部分组成，其下又分为典型性、脆弱性、多样性、稀有性、自然性、面积适宜性、科学价值、经济和社会价值、机构设置与人员配备、边界划定和土地权属、基础工作、管理条件等 11～12 项具体指标。根据所评审的自然保护区所属类型，评审标准采用三套评审指标：①自然生态系统类国家级自然保护区评审指标及赋分；②野生生物类国家级自然保护区评审指标及赋分；③自然遗迹类国家级自然保护区评审指标及赋分。

通过上述标准的综合分析，将自然保护区分别列入不同的等级。对那些具有特别重要的保护价值，不仅在国内而且在国际上也具有重大影响和意义的保护区，应列为国家级的重点保护区，并申请纳入联合国教科文组织国际生物圈保护区网或世界遗产地。

2.3　评价标准的构建

制定自然保护区管理有效性的评价标准，既是自然保护的迫切要求，也是我国保护区建设管理工作的实际需要。在充分吸收国内外保护区管理评价研究成果的基础上，本研究确定了自然保护区管理评估指标的选定原则、指标体系，最终形成自然保护区管理评估标准。

2.3.1　指标选定原则

由于各自然保护区千差万别，其结构、功能和保护对象各不相同，地域分布上的差异及遭受到的各种内在与外在的压力和影响也不相同。因此，要尽量在众多因子中经过综合分析、判断，逐级筛选出最灵敏、最具概括性而又简洁易度量的概念和参数作为评价指标，以期达到在同一评价体系中比较不同类型自然保护区管理状况的目的。

指标选取时应遵循以下原则：

（1）针对性：确定的指标需针对我国自然保护区的实际情况，能够正确反映我国自然保护区建设管理的主体现状，概念准确、清晰明了；

（2）可操作性：指标具有可测性和可比性，易于提取获得，便于操作运用，同时尽量选取有代表性的指标，用简练的指标反映较多的特征；

（3）独立性：各指标间的交叉应相对较小，避免重复评判带来的误差。

2.3.2　评价指标

按照指标选定原则，我们需要在影响自然保护区管理有效性的众多因子中经过综合分析、判断，逐级筛选出最灵敏、最具概括性而又简洁易度量的概念和参数作为评价指标，才能达到在同一评价标准中比较不同类型保护区管理状况的目的。

为了给出指标体系的总体框架结构，我们事先搜集确定了一系列评价指标，然后依据指标体系的三条设计原则，在广泛征求有关专家学者意见的基础上，最终确定了 12 项评价指标，包括机构设置与人员配置、范围界线与土地权属、基础设施建设、运行经费保障程度、资源本底调查与监测、主要保护对象变化动态、生态环境质量、科研监测能力、违法违规项目情况、日常管护、规划制定与执行情况、能力建设状况。

（1）机构设置与人员配置。自然保护区的管理必须具备一个健全的管理机构，这是保护区正常管理最基本的条件。管理机构是保护区的指挥中枢，对内组织领导保护区职工和保护区内居民的日常管理、生产和生活，对外协调地方政府和上级主管部门对自然保护区的支持，并处理保护区与周围群众的关系。健全的管理机构必须分设若干职能部门，并配备一定数量的、训练有素的行政管理人员和技术人员，这是维持保护区正常管理和实现保护区管理目标与总体规划的根本保证。

（2）范围界线与土地权属。范围界线是建立一个保护区的必要条件。如果保护区的范围界线不明确，其保护管理工作是难以有效开展的。土地是所有自然资源和环境的载体，保护区的有效管理离不开与土地所有者的沟通协商。按照《宪法》、《物权法》等法律规定，土地权利人享有相应的土地权属，任何人不得侵犯。因此土地权属是保护区必须掌握的基础数据，是有效行使保护区管理权的前提。

（3）基础设施建设。保护区的正常管理工作还必须具备一定的基础设施，如办公设施，生活设施，保护设施和科研设施等。办公设施包括办公用房、通信设备、交通工具等；生活设施包括职工宿舍、食堂、娱乐和教育设施等；保护设施包括保护站（点）建设、瞭望台、界桩、防火设施及道路系统等；科研设施包括实验室、实验场（园、圃）及科研仪器设备等。一般来讲，保护区基础设施的完善程度与保护区建立时间、级别、投资规模和地理位置等因素有关。国家级自然保护区和经济发达地区的地方级自然保护区基础设施较强；建立时间越长的保护区基础设施越完善；离城镇较近的保护区投资吸引力较高，基本建设较好。评价时应考虑到这些因素。

（4）运行经费保障程度。自然保护区必须具有稳定的经费来源和充足的经费数额，以保证正常管理工作的开展和管理计划的实施。保护区的经费来源主要有四个渠道，即国家主管部门的补助、地方政府的拨款、社会各界和国外的援助以及保护区自身的创收。一些知名度较高、地位较重要的保护区较易受到重视，经费渠道较多，得到的经费较充足；建立时间较久的保护区开辟经费渠道的时间较长，累计投资数额较大；地处经济发达地区的保护区，不论级别高低，常常较容易获取经费。

（5）资源本底调查与监测。科学研究是实现保护区有效管理的基础，坚实的科研基础是制定保护区管理目标、总体规划和管理计划的依据。目前，大多数自然保护区对其主要保护对象的数量、行为、活动范围、保护效果等情况一无所知，管理能力仅仅停留在看护式水平上，这无疑是远远不能满足保护需要的。科学考察即保护区资源本底调查，包括地质、地貌、土壤、气候、水文的调查；动植物区系分布的调查；植物群落和动物种群演替变化的调查；保护区及周围地区人文、社会、历史的调查，等等。这些科学考察结果应该编入保护区综合考察报告，有些本底资料应绘制成图件，如地形图、土壤图、植被图、地质图、动植物种分布图，等等。在科考调查的基础上，要对一些本底知识空白和技术难题做专题研究，如生态系统的定位监测、动物活动规律等研究。还要注重这些专题研究项目的成果评价，如发表的论文数、著作数、专利数、科技成果奖以及成果效益等。

（6）主要保护对象变化动态。衡量一个保护区管理质量如何，最终还要看其主要保护对象的保护成效。建立保护区后，随着生态环境的改善和人为破坏的减少，保护区内的资源应该增殖或基本维持在原有的水平。但是如果保护区管理不力，资源仍将遭劫。特别是主要保护对象的现状更是评价保护区管理是否成功的标志，一个保护区的价值主要在于它所保护的目标对象，如大熊猫、朱鹮等珍稀濒危动物，一旦目标对象丧失或减少，则保护区价值也会丧失或降低。

（7）生态环境质量。大气、水文水质等生态环境质量是保护区自然环境整体表现的一个重要指示，是自然保护区生态监测的一项重要内容，而且其指标容易测定比较。因此，生态环境质量维持在较好水平或持续改善是自然保护区管理的一项基本要求。

（8）科研监测能力。科研监测能力是提升自然保护区管理能力的一个关键内容。应该认识到，保护区开展科研监测工作，光有本科或者硕士学历的人员是不够的，必须拥有一支熟悉保护区主要保护对象和国家重点保护野生动植物分布及动态变化的科技队伍。保护区应当对科研人员进行相应的专业技术培训，并且能够针对自然保护区需要和主要保护对象特点，长期开展调查监测。这需要开展大量细致艰苦的工作，要求长时间的资料累积，从而掌握保护区内资源动态变化。

（9）违法违规项目情况。随着经济的快速发展，地方政府、当地社区和群众，甚至保护区自身由于利益需要，在保护区开展各种开发建设项目和资源利用活动，保护与发展的矛盾日益尖锐，给自然资源和环境造成不可挽回的负面影响的现象已屡见不鲜。因此，我们应该高度重视保护区的违法违规项目情况。

（10）日常管护。保护区日常管护是保护区的基础性工作，也是核心任务之一。日常管理的有序程度最容易使人感受出来，这往往是最能表现管理成效。具体包括资源巡护、突发事件应急处理、生物救护、火灾预防、社区共管等。目前，大多数自然保护区在资源巡护、生物救护、火灾预防等方面做了大量工作，值得注意的是社区工作。衡量保护区管理成效的一个主要方面是看其与周围群众的关系。保护区与当地居民和睦相处和相互支持是维持保护区稳定发展的重要条件。保护区应当帮助当地农民发展生产，脱贫致富，向农民提供技术，帮助农民开辟稳定的生活出路，这样才能获得地方政府和当地群众的支持，否则，将如鱼脱水，步履艰难。

（11）规划制定与执行情况。每个保护区在建立初期就必须明确其管理目标，即该保护区为什么而建立，用途是什么，是用于科学研究，还是为了保护珍贵的自然资源。管理目标是保护区一切工作的指导方向，常常体现在保护区的总体规划之中。自然保护区总体规划是根据管理目标而绘制的发展蓝图，它包括阶段和总体奋斗目标、实现目标的手段和实施的时间，是保护区在一段相当长的时间内的工作指导大纲。其评价不仅要看其可行性和内容详细程度，还要注重其实际实施情况。

保护区管理还须制定一个切实可行的年度计划。年度计划是为实施发展规划而逐年编制的工作程序，主要阐明在某一年度里为实施发展规划所要开展的工作，相应的手段，所需的人力、物力和财力，实施时间计划和预期成果等。管理计划的制订是实现目标管理的必要条件，它有助于保护区管理人员明确年度工作的重点，合理安排工作。管理计划的完善程度和实施结果都是评价保护区管理水平的指标。

（12）能力建设状况。当前自然保护区的能力建设长期滞后，很多保护区缺乏高素质的管理人员和相应的培训，发展方向和管理目标不明确，管理水平普遍较低，从而制约了自然保护区事业的健康发展，影响了自然保护区多种效益的全面发挥。需要评价的方面主要有：管护、宣传教育等能力建设及开展情况，内部规章制度，行政事务的秩序情况，人员的培训情况等。

2.3.3 自然保护区管理评估标准

为促进管理，提高质量，推动自然保护区管理工作从规模数量型向质量效益型转变，依据《中华人民共和国自然保护区条例》和相关的法律、法规，并充分考虑自然保护区建设和管理工作现状，制定《自然保护区管理评估标准》。

附录　自然保护区管理评估标准

一、总则

1. 自然保护区管理评估指标包括机构设置与人员配置、范围界线与土地权属、基础设施建设、运行经费保障程度、资源本底调查与监测、主要保护对象变化动态、生态环境质量、科研监测能力、违法违规项目情况、日常管护、规划制定与执行情况、能力建设状况共 12 项。

2. 根据各评估指标的重要程度，分别赋予一定分值，总分为 100 分。

3. 评估得分 90 分（包括本数，下同）以上为"优"，70～89 分之间为"良"，60～69分之间为"中"，59 分以下为"差"。

4. 主要保护对象变化动态、生态环境质量、违法违规项目情况三项指标中有一项得分等于 4 分时，按总得分确定评估结果时得降低一个档次。

5. 任何一项指标得分为 0 分时，评估结果定为"差"。

二、评估指标与赋分

1. 机构设置与人员配置（10 分）

（1）机构内部科室设置满足各项工作需要，专业技术人员（指具有与自然保护区管理业务相适应的中专以上学历或同等学力者，下同）比例达到 50% 以上，高级技术人员（指具有自然生态方向高级技术职称者，下同）不少于 2 人。（10 分）

（2）科室设置不全，但能满足主要管护业务需要，专业技术人员比例达到 30% 以上，高级技术人员不少于 1 人。（7 分）

（3）科室设置不全，且专业技术人员比例在 30% 以下，完成主要管护业务有一定困难。（3 分）

（4）尚未设立专门的管理机构。（0 分）

2. 范围界线与土地权属（5 分）

（1）范围界线清楚（指保护区边界线或边界走向以及功能区界线划定并立标公示的情况，下同），土地（包括海域，下同）权属清楚。（5 分）

（2）部分地段、地块范围界线或土地权属未具体划界或确定权属，但无明显纠纷。（3 分）

（3）范围界线或土地权属存在较大纠纷。（0 分）

3. 基础设施建设（10 分）

（1）各项设施（指管护站卡、巡护道路、交通与通信工具、科研宣教设施设备等，下同）完备，能满足工作需要。（10 分）

（2）基本完备，可保障日常主要管护任务的需要。（7 分）

（3）有部分设施，完成日常主要管护任务存在一定困难。（3 分）

（4）因无基本设施不能开展有效的日常管护工作。（0 分）

4. 运行经费保障程度（5 分）

（1）保障程度较好（指管护人员经费及日常工作所需经费的保障情况，下同）。（5 分）

（2）无保障。（3 分）

（3）无经费。（0 分）

5. 资源本底调查与监测（10 分）

（1）每年定期开展调查监测，了解保护区生物多样性、自然地理和社会经济状况等情况，掌握主要保护对象的种群数量、分布及活动规律，十年内汇编一次科学考察报告。（10 分）

（2）每年定期开展调查监测，基本掌握主要保护对象的种群数量、分布及活动规律。

（7 分）

（3）开展过单项调查和监测，但主要保护对象的种群数量、分布及活动规律尚不够清楚。（3 分）

（4）未进行过有计划、有组织的正规调查及监测。（0 分）

6. 主要保护对象变化动态（12 分）

（1）保护区主要保护对象稳定，前景好。（12 分）

（2）保护区主要保护对象基本稳定，前景比较好。（8 分）

（3）保护区主要保护对象总体仍稳定，前景尚好。（4 分）

（4）保护区主要保护对象被破坏。（0 分）

7. 生态环境质量（5 分）

（1）保护区内大气、水文水质等生态环境质量维持在较好水平或持续改善。（5 分）

（2）保护区内大气、水文水质等生态环境质量一般。（3 分）

（3）保护区内大气、水文水质等生态环境质量呈现恶化趋势。（0 分）

8. 科研监测能力（5 分）

（1）具有熟悉保护区主要保护对象和国家重点保护野生动植物分布及动态变化的技术人员，且能够根据保护区需要开展科研监测活动。（5 分）

（2）具有熟悉保护区主要保护对象和国家重点保护野生动植物的技术人员。（3 分）

（3）保护区缺乏科研监测能力。（0 分）

9. 日常管护（10 分）

（1）日常管护（包括资源巡护、突发事件应急处理、社区共管、生物救护、火灾预防等，下同）有效，没有因管护工作不到位而出现管护性问题。（10 分）

（2）日常管护比较有效，未出现大的管护性问题。（7 分）

（3）日常管护基本有效，未出现社会影响极坏的管护性问题。（3 分）

（4）管护无效。（0 分）

10. 违法违规项目情况（12 分）

（1）保护区范围内除原有社区正常的生产经营活动外，无其他开发建设项目；或有经过批准的开发建设项目，且未对资源和环境产生不利影响。（12 分）

（2）已有开发建设项目虽经过批准，但其实施对资源和环境有不利影响。（8 分）

（3）违法违规开发建设项目涉及自然保护区的实验区。（4 分）

（4）违法违规开发建设项目涉及自然保护区的缓冲区或核心区。（0 分）

11. 规划制定与执行情况（8 分）

（1）报批并实施了总体规划，管理目标明确，各项任务完成状况良好。（8 分）

（2）报批并实施了总体规划，管理目标明确，但执行上有差距。（6 分）

（3）已编制总体规划但尚未报批，有管理无依据。（3 分）

（4）尚未编制总体规划。（0 分）

12. 能力建设状况（8 分）

（1）具备与保护区管理目标相适应的管护、宣传教育等能力；内部规章制度健全，管理规范。（8 分）

（2）基本具备与保护区管理目标相适应的管护、宣传教育等能力；内部规章制度基本

健全，管理较规范。（6分）

（3）管护、宣传教育等能力与实现保护区管理目标存在差距；内部规章制度不全，管理薄弱。（3分）

（4）管护、宣传教育等能力明显不足；内部规章制度严重缺失，管理混乱。（0分）

参考文献

[1] Marc Hocking，Sue Stolton，Nigel Dudley．评价有效性——保护区管理评估框架[M]．蒋明康，丁晖，译．北京：中国环境科学出版社，2005．

[2] 薛达元，蒋明康．中国自然保护区建设与管理[M]．北京：中国环境科学出版社，1994．

[3] 张更生，郑允文，等．自然保护区管理、评价指南与建设技术规范[M]．北京：中国环境科学出版社，1995．

第3章 自然保护区数字化信息平台

随着人类的不断进步和对自然界认识的深入，保护生物多样性、促进生物资源的永续利用已成为影响人类生存与发展的重要问题，使得生物多样性保护决策的科学性越来越重要。自然保护区作为生物多样性保护最为有效的途径，保护区及其生物多样性信息将在生物多样性保护研究和管理实践活动中发挥越来越重要的作用，这就要求自然保护区的建设与管理加快信息化、数字化进程。

从计算机技术本身的发展来看，功能越来越强大的工具软件不断推出，现代计算机技术、信息技术的发展以及网络的普及，特别是3S技术——即地理信息系统（GIS）、遥感（RS）、全球定位系统（GPS），以及数据信息系统（MIS）、网络服务等技术的成熟，为大量的非计算机专业人员进行数据结构和程序设计提供了方便，大大加速了计算机的普及和使用水平的提高。

对于一个自然保护区来说，它是具有一定空间分布范围的实体，它除了具有一般自然区域所具有的特性以外，其最大的特征就是要掌握和分析本区域内主要保护对象的现状、分布，通过模型或模拟的方式预测它们的发生、发展和变化的规律，从而作出保护管理的决策。此外，自然保护区含有海量的地理空间信息，其建设管理以及科研工作都具有典型的时空特性，高效的自然保护区管理必须依靠具有强大管理分析功能的地理信息系统的支持。

地理信息系统（GIS）是地理学、地图学、计算机科学、遥感等涉及空间数据采集、处理和分析的多种学科与技术共同发展的结果，并与不同数据源的空间与非空间数据相结合，通过空间操作和模型分析，提供对规划、管理和决策有用的信息产品。在资源环境管理、农业估产、自然灾害防治等领域得到大规模应用。地理信息系统技术所具有的功能决定了它对于自然保护区是最具有用途的工具之一，因而从它一出现就受到了自然保护区的欢迎，极大地促进了我国生物多样性的保护工作。尤其是GIS强大的空间数据管理和分析功能，是政府部门制定环境政策及环境应用的关键技术，能够高效而简便地为政府部门制定保护环境和野生生物的政策、法规提供有力的依据，为全世界范围的科学家和研究机构提供准确的野生生物信息和资料，监测野生生物的动态，并为公众环境保护意识的教育提供有力的手段，为保护生境、进行有效合理的规划评价提供了丰富、科学的信息管理分析和决策手段。目前，GIS技术已在我国自然保护区管理和生物多样性保护中得到广泛应用，加上GIS具有集成空间数据和属性数据的强大功能，因此本研究将集中分析自然保护区的GIS应用。

总之，自然保护区信息数字化将成为生物多样性保护决策中重要的、不可缺少的一部分，生物多样性保护也迫切需要自然保护区的信息数字化，而且世界上很多国家在自然保护区生物多样性信息数字化方面已取得了显著成绩,因此加快我国自然保护区数据信息的科学化、现代化管理的速度,已是当务之急。

3.1 研究意义

自然保护区是生物多样性集中分布的区域,是国家生物资源的重要战略储备基地,可以为人类提供各种自然生态系统和生物遗传资源的天然本底。我国最洁净的自然环境、最优美的自然遗产、最丰富的生物多样性、最珍贵的遗传资源、最关键的生态系统,都存在于自然保护区中。截至 2008 年年底,我国共建立自然保护区 2 538 个,总面积 149 万 km²,约占国土面积的 15%,在维护国家生态安全,促进生态文明以及建设人与自然和谐社会等方面发挥了重要作用。

我国自然保护区数量多,面积大,而且每年保护区的面积、数量都在增加,保护区管理难度逐年加大。与此同时,随着我国经济的快速增长,发展与保护的矛盾日益突出,这对自然保护区的管理提出了新的挑战和要求。

在《中华人民共和国国民经济和社会发展第十一个五年规划纲要》中将所有自然保护区划入禁止开发区域,要求"依据法律法规规定和相关规划实行强制性保护,控制人为因素对自然生态的干扰,严禁不符合主体功能定位的开发活动",同时要求"加强对自然保护区的监管"。因此,运用现代科学方法,加强自然保护区的有效管理已经成为极其重要的问题。然而,由于多年来缺乏基础建设,尤其是信息系统建设,很多保护区的基础信息调查工作开展得不够,特别是有关保护区发展及建设的生物资源和社会经济本底信息欠缺,直接影响了保护区管理质量的提高。决策层在划建保护区和对保护区进行分类管理时,也同样受到了信息量不足的困扰。因此,建立全国自然保护区信息网络和数据库,为管理及决策提供支持,已成为当务之急。

我国自然保护区实行综合监督管理与分部门管理并存的体制。环保部门作为自然保护区统一监督、宏观调控的部门,必须有一套现代化的决策支持系统,以全面掌握各自然保护区的资源动态变化情况,制定切实可行的自然保护区区划、规划、宏观调控措施及相关政策。

具体而言,环保部门在自然保护区管理决策工作中,常常需要实时掌握各保护区的生物多样性、建设管理情况等相关信息。只有在确切掌握了相关基础信息的前提下,才能对保护区实行有效监督管理和执法检查。一旦需要了解某保护区情况,但是其资源本底、空间位置等信息均不能在第一时间内获取,将严重影响到国家对保护区的科学决策。尤其是在环境督察和环境影响评价管理工作中,经常需要判断保护区是否存在违法行为和建设项目,或者保护区是否受到周边建设项目的影响等问题,这就要求管理部门掌握高精度的自然保护区数据资料。对我国自然保护区信息资料进行数字化、空间化,可以为从事保护区管理以及生物多样性研究等相关工作的单位和人员提供高精度、大比例尺、全国范围的保护区空间数据和相应的属性数据,实现自然保护区数据的动态管理和及时更新服务。目前,我国尚未建立适合自然保护区综合管理要求的统一的自然保护区数据信息系统。

有鉴于此,采用先进的数据库、地理信息系统、遥感等数字化技术对全国自然保护区信息进行全面数字化，准确描述各保护区的地理位置、范围界线、功能区划，实现生物多样性、自然资源状况等基础信息与保护区空间信息的结合，将为实施国家可持续发展战略提供政府决策所需的重要地理基础信息，对于促进国家"十一五"规划目标的顺利实现，加强自然保护区的有效管理，避免过度开发和破坏具有极其重要的作用。由此可见，加强自然保护区数字化的建设是一件十分重要、十分紧迫的工作。

3.2　国内外应用情况

数字化自然保护区是一个以信息化基础设施建设为保证，利用信息技术深度开发及整合自然保护区管理信息资源，实现自然保护区信息资源的共享和良性互动，并结合现代自然保护区管理理论，通过各类直观、便捷、智能的应用，逐步应用信息数字化技术促进自然保护区有效管理的过程。自然保护区信息数字化建设就是完善信息化基础设施建设，充分使用网络技术和"3S"技术，使得自然保护区管理涉及的所有信息得到及时采集，经数据库整合后提供相应的查询、分析和统计等功能，对自然保护区事业的发展和有效管理具有重要作用。

3.2.1　国外现状分析

目前，保护区数据管理呈现数字化和信息化趋势，信息系统的建设在国际上受到广泛的关注和重视。1957 年国际科联就建立了世界数据中心，此后各种环境与资源信息系统建设层出不穷；1972 年联合国开发署建立了全球环境监测系统；20 世纪 80 年代，北美在自然资源方面建立的数据库已达上千个；UNEP、IUCN 等国际组织每年对全球保护区进行统计汇总，建立庞大的全球保护区数据库（World Database on Protected Areas），对保护区的空间数据和属性数据进行分析综合，并定期发布联合国保护区名录（United Nations List of Protected Areas）。

国外发达国家在自然保护区的管理中，对地理信息系统的应用极为普遍。如以加拿大国家公园管理局（Parks Canada）所属的自然保护区内地理信息系统的应用情况为例，1972 年就开展了最早的地理信息系统的建立工作，当时主要在大型计算机上开展此类工作；80 年代中期，由于个人计算机的普及和功能提高，已经开始普及使用，而如今已经用于具体的野外分析工作。在加拿大国家公园管理局所属的 40 个保护区中，1987 年只有 2 个开始将地理信息系统用于管理，而到 1996 年，已经有 37 个保护区使用地理信息系统用于日常的管理工作。其利用最多的在自然保护区土地利用的规划和管理、自然资源的利用和管理、特殊保护生物类群的管理和监测、旅游区的规划和管理等领域。

美国早在 20 世纪 70 年代中期，Yosemite、Great Smoky 山脉国家公园以及国家公园管理署（NPS）就已经开展 GIS 的应用项目。自 1995 年以来，美国将地理信息系统（GIS）在国家公园的应用重点放在获取公园的地图数据、GIS 培训以及对日益庞大的 GIS 和 GPS 数据的技术与管理支持上面。目前有 250 多个国家公园在使用 GIS，应用领域包括研究游客对公园的影响，以及协助历史遗迹的重建等各个方面。通过 GIS 这个强有力的工具，保护区管理者可以解决资源管理方面的难题。

美国国家公园管理署（NPS）通过推动国家级的 GIS 合作以实现自然资源共享，现由信息通讯部来负责国家级的 GIS 管理，同时结合 Web GIS 技术和图书馆系统，扩展对 GIS 的支持。联邦政府对 NPS 中的 GIS 分三个层次进行管理：国家项目办公室，区域技术支持中心和公园 GIS 机构。由自然资源部提供标准的国家公园 1：24 000 地形图、水文图、行政区划和其他基础制图数据。由公园购买 GIS 硬件和软件以及维护 UNIX 工作站的协议。国家公园中最常用的 GIS 软件是 ARC/INFO。NPS 开发出一系列程序来帮助公园建立 GIS 数据库并可以为 GIS 使用者提供专门技术以进行公园管理的决策。这个 GIS 程序提供网络的技术支持和公园系统内的 GIS 应用合作。

夏威夷火山国家公园将濒临灭绝的珍稀植物和无脊椎动物的分布图，与植被分布图、岩浆流动图和气候图叠加，得到栖息地分布图。从那些满足标准的区域中，挑选出相应物种的潜在栖息地分布图；从 1920—1996 年的历史火灾图集和相关文档数据库提供曾发生火灾的地点、火灾大小、起因，这些数据都与数字地图进行了链接；对野外收集的样本进行详细的编录，记载外来的和珍稀的植物并对它们进行地理编码，生成外来植物图和珍稀植物图，等等。

在 Santa Monica 山脉国家公园，与已有的研究山猫分布的 GIS 系统结合确定潜在的山猫栖息地，还可用于评估山猫的生存能力；评估由于栖息地范围缩小对大型食肉类动物的影响。这个研究结果可帮助公园管理者确定面临危机的栖息地和需要保护或恢复的食肉类动物的活动走廊；评估人类活动模式和对小型哺乳类动物和鸟类的影响。对敏感植物和野生动物进行潜在栖息地分布模式的构建。志愿者、实习者和公园工作人员进行 GPS 的地图追踪和定位，得到的数据用于制作高精度的公园路径图、监测路径图并可进行未来建设路径的规划，评价由于道路建设造成的对公园资源的影响；土地分析以及制定土地保护计划，按标准确定土地等级等。

总体而言，国外对于在保护区内运用 GIS 进行管理的技术方法已经相当成熟，对于生物多样性保护起到了重要的作用。

3.2.2　国内现状分析

我国从 20 世纪 80 年代初开始 GIS 的应用，起步较晚但发展迅速，至今已取得了一些重要成果。如建成了国家地理信息系统 1：100 万数据库并提供使用；一些在资源调查、规划和环境、灾害监测等方面的专业地理信息系统研制成功，并在应用中取得了显著的经济和社会效益；城市和地区地理信息系统发展迅速，开始在决策规划中发挥重要作用。但是在我国的环境保护、森林和野生生物保护和管理中，特别是在保护区的应用，GIS 技术还是相当新的技术，在生物多样性研究方面更是处于起步阶段，远远谈不上真正在保护区规划、管理，特别是野生生物资源调查、监测、分析和管理中发挥作用。

我国自然保护区的 GIS 应用最初是通过引进国外信息系统起步的。在 20 世纪 80 年代初，国际上开发了用于生物多样性信息管理的 MASS 系统，其操作系统是 DOS，利用 Foxpro2.6 开发，在马来西亚、泰国、不丹、越南、印度尼西亚、中国等国家广泛使用。随后开发的 BIMS 是针对一些亚洲国家层面上设计的系统，不适合我国地域辽阔、物种繁多的特点，且其设计侧重于物种信息分析和管理，缺乏行政信息管理内容，不符合我国保护区管理的特点。同时程序中有很多错误，源程序经常不能正常运行，其 GIS 功能极其简单，不能满足我国保护区管理的需要。

因此，随着我国社会信息化水平的不断提高，为满足自然保护区建设管理对 GIS 的需求以及为符合国家对自然保护区管理从"数量规模型"到"质量效益型"转变的发展要求，科研工作者和各级自然保护区管理部门大力开展自然保护区数字化管理的研究。主要分为具体自然保护区应用和自然保护区宏观管理两个方面。

在具体自然保护区应用方面，许多自然保护区已经建立了 GIS 并开展了不同程度的应用，还有大量研究运用 GIS 对保护区内物种进行分析，主要集中在火灾控制、保护区规划、物种及其栖息地调查监测、野生动植物保护效果评价、保护区管理等方面。

据不完全统计，长白山利用 GIS 技术开展森林火灾监控、生态旅游规划和区带划分，梅花山建立了森林火灾监控系统、虎栖息地评估和区带划分，神农架进行了区带划分，卧龙开展了大熊猫栖息地评估，盐城进行对丹顶鹤栖息地的评估和区带划分，黑龙江丰林建立了森林火灾预警预测系统。西双版纳创建了包括高程、保护区边界、保护区划分区带、植被等 30 个主题层的 GIS，涉及生物多样性的有砂仁（Amomum villosum）的分布、亚洲象（Elephas maximus）群的活动范围和少数民族分布地，用于当地少数民族土地利用规划、砂仁种植土地利用评估，通过 GIS 的重叠分析发现，有一半勐养的热带雨林在保护区核心区以外。浙江南麂列岛自然保护区开发了保护区管理信息系统，该系统建立了保护区的地理空间数据、贝藻类数据、水文气象数据、文本数据、多媒体数据等数据库系统，具有空间数据和属性数据的管理、更新、查询及其扩展等功能。福建武夷山自然保护区将社会经济状况资料、气候资料、自然资源、物种名录等属性数据和等高线与高程点、林业基本图、植被图、水系、道路交通等 15 种图形的图形数据集成到 GIS 中，促进了生物多样性的有效保护。

黑龙江扎龙自然保护区运用 GIS 技术分析比较了 3 条观鸟路线的春季水鸟组成，并在 3 条观鸟路线上设置了最佳观测点，同时进行了湿地生态资源调查和湿地专题地图绘制，建立了空间数据库和属性数据库。陕西佛坪保护区通过 GIS 管理系统得到适宜动物生存的空间区域、生境质量等级分布等信息，准确地预测了动物的空间分布格局、人类活动干扰的分布特点和干扰强度的差异，使管理人员直观地了解野生动物种群动态以及栖息地干扰现状，并对保护区 1998—2002 年的大熊猫监测数据进行了处理和分析，输出了保护区大熊猫分布和密度、区内人类活动干扰分布和密度等多种分析图层。四川省小寨子沟、白河、陕西平河梁等自然保护区分别对珍稀濒危动植物资源、大熊猫、金丝猴进行了精确定位和详细调查，基本掌握其种类、数量、地理分布、濒危状况等信息，并提出保护对策。崇明东滩自然保护区对迁徙鸟类生境适宜性分析，塔里木胡杨林自然保护区对马鹿生境动态及其影响因素，天宝岩自然保护区对景观生态格局的分析及评价、三江平原对淡水湿地生态系统景观格局特征开展了研究。目前，在自然保护区的类似 GIS 研究已经相当普遍。

在宏观管理方面，各级自然保护区主管部门积极运用 GIS 来实现自然保护区的有效管理和科学决策。如环境保护部南京环科所主持的"九五"国家重点科技攻关项目"中国可持续发展信息共享示范"中构建了基于 Internet 的全国自然保护区管理信息系统，汇总了全国所有自然保护区的基本信息，初步实现了自然保护区建设管理数据与空间数据的集成。在全球环境基金（GEF）中国自然保护区管理项目支持下，国家林业局于 2001 年 8 月底建立了具有生物多样性信息和简单地理信息查询功能的中国生物多样性信息管理系统（CBIMS）和地理信息系统（GIS）。国家林业局调查规划设计院构建的林业基础数据集成与信息共享系统中包含了林业系统的自然保护区的基础数据，提出了建立自然保护区数据库的基本内容。国家海洋局海洋动力过程与卫星海洋学重点实验室在 2001 年开展了海洋自然保护区地理信息系统（MNRGIS）。但由于自然保护区信息量大、涉及面广，加上很多保护区资源本底至今尚不完全清楚，上述研究仍然存在一定的缺陷。

广东省自然保护区管理办公室通过收集土地利用规划图和省内各自然保护区总体规划资料，在 GIS 软件的支持下，对区域内省级以上森林生态系统自然保护区的空间分布格局进行了研究，并提出在自然保护区建设过程中应做好选点工作，增加保护区的空间连接度。湖北省环保局与华中师范大学合作开展了湖北省自然保护区信息系统的研究，以湖北省自然保护区数据库为基础，实现了数据的输入、输出、更新、传输、保密、检索、统计、评价、预测、模拟和决策等功能。

GIS 在自然保护区的大量应用是可喜的，但 GIS 技术要真正在我国自然保护区生物多样性的管理上发挥作用，有些问题还值得探讨。

3.2.3　GIS 在自然保护区的应用方式

综合以上分析，我们可以归纳出目前自然保护区对 GIS 的应用主要集中在项目查询、空间分析、灾害应急、生态管理、显示与输出等方面。

（1）显示与输出：多图层的叠加显示与浏览（放大、缩小、漫游），在屏幕、纸质或其他载体如光盘等输出各种查询结果、专题图、文字、统计图表（柱状图、散点图、饼图等）等，制作多媒体演示等宣传资料。在国家公园和其他保护区内的适当地方开展丰富多彩的科普教育和旅游活动，设立教育中心、标本陈列室和图书资料、挂图、幻灯、电视录像、电影等各种宣传资料，使公众和游人获得自然保护方面的科学知识，认识到热爱和保护自然是每个公民的天职。这是 GIS 最为基本的功能，但是目前国内大部分自然保护区 GIS 的功能仅限于地图的显示与输出功能。

（2）项目查询：通过 GIS 可以实现图形和属性的双向查询。运用 SQL 语句或信息管理系统可对自然保护区的植被、动物、土壤、水系等各种特征值检索查询，对各种基础图、区域图、项目规划图及保护区各项管理制度（对自然保护区和国家公园制定法律法规，各种单项规定和管理条例、政策措施）进行查询。

（3）空间分析：利用缓冲区分析 Buffer 可以有效分析核心区范围与相关基础设施建设对野生动植物的辐射影响；利用路径分析可以进行保护区内景点布置和旅游线路设计；利用叠加分析 Overlap、等值线追踪等技术结合相关专业模型可模拟环境演变，指导环境规划与管理，为保护区本身的科研项目服务。应用 GIS 的叠加分析与缓冲区分析工具，识别出核心区内的居民点，并作出移民规划。应用 GIS 的资源分配模型（Location-Allocation Model）与地形分析模型，作出保护站的选址规划、管线设施规划、道路规划和景观规划。

其主要应用有：用于保护区自然资源和保护区内社会和经济活动的动态监测和管理，实现保护区数字化管理；使保护区能对当地的生物多样性进行更有效的监测、管理，以及更好的保护；可以对其他管护工作，如保护区的发展规划、地区的社会发展、经济建设、传统知识的分析和总结、经济作物的限制和发展等提供基础信息；用于保护区一些具体实例的分析和制图，并用于具体发展项目的规划和设计。

（4）灾害应急：结合专业模型，对火灾、地震、泥石流等自然和地质灾害以及非法捕猎、伐木等人为突发性事故的响应，发现并对受伤濒危动物实施抢救措施等。例如，基于基础地理信息系统建立的武夷山、长白山、丰林等自然保护区林火管理 GIS 系统，在森林火灾扑救决策、对现有防火瞭望塔观察范围的评价以及找出瞭望死角、新建瞭望塔的地址选择等诸方面都起到了积极的作用，这些应用使保护区的林火管理工作走上一个新的台阶。

（5）生态管理：结合现代化的研究设备，如用无线电通信、航空遥感、卫星遥感、红外线、无线电跟踪、环志等先进技术进行自然资源调查，准确掌握动植物的数量分布消长和活动规律，侦察火情等，对自然环境演变做长期的监测，不但可以加强保护区自身的管理，而且为保护区内各种科研活动（动植物考察、生态演替、地质勘探等）积累原始数据。例如 GIS 用于保护区的旅游管理（杨康年，罗文锋：基于 GIS 的自然保护区管理信息系统建设）。随着人们生活水平的提高，节假日外出到保护区旅游的人次日渐增多。为减少游人和建设单位对保护区生态环境的破坏，除应加强对游人的宣传和引导外，保护区的生态管理还要注重建筑规划、景点规划、旅游线路及人次车辆的安排与规划等问题，特别是餐饮、住宿设施的选址应统一规划，设置在一定区域范围内，严禁违规在保护区修建、扩建该类建筑设施，以避免对自然景观及物种的影响与破坏。GIS 可以极其容易地实现这一目标。

3.3　存在问题

虽然我国自然保护区数字化建设已取得了一定的进展，但由于开展时间晚、基础设施差、信息化专业人员少等不利因素的影响，数字化建设过程中仍存在很多问题。

（1）数据量少。数据量的丰富程度是衡量保护区数字化建设是否满足保护区管理要求的重要指标。由于多年来缺乏基础建设，尤其是信息系统建设，很多保护区的基础信息调查工作开展得不够，特别是自然保护区内的野生动植物资源分布数据和地理要素本底信息欠缺。大部分保护区的基础数据很不完善，缺乏生境、物种等重要的生物多样性指标数据。而且，物种调查数据的难以获得导致 GIS 技术在野生生物和生物多样性管理方面的应用面临严峻的挑战。具体问题有：野生动物天生的躲避和藏匿行为使我们很难在野外观察到动物；由于季节、食物、栖息地、光照和其他原因，野生动物常常处于迁移状态，使野生动物很难准确定位；森林有着复杂的水平和垂直空间结构（草本层、灌木层和乔木层等）；由于树冠的覆盖，树冠下植被和动物物种的情况很难在卫星和航空图片中体现；物种之间有着或强或弱的相关性，这种相关性影响着物种的组成和数量等。这些复杂的生物多样性特征导致数据收集、分析和模拟的困难，从而限制了 GIS 技术在生物多样性监测和分析方面的应用。

此外，目前已有的一些保护区信息系统功能上大多侧重于某一单项管理工作（如森林防火、鸟类监测、物种栖息地监测等），数据量也主要集中在该类管理范围内，缺乏一个完善的适应保护区管理的综合性数据库体系，因此本底数据对保护区管理工作的覆盖范围存在较大的空缺，无法全面满足保护区管理工作需求。

（2）数据质量差。数据质量的优劣是评定一个数字化信息系统好坏的重要指标，在开展保护区数字化建设研究之前，首先要关注相关本底数据的可信度和精度。目前，我国大部分自然保护区在日常管理工作中，长期忽视本底数据的调查和积累，一些保护区至今尚未开展详细的本底数据调查，部分保护区虽已开展相关调查，但数据未进一步核实和加工。自然保护区数据质量存在以下问题：一是部分物种名录根据当地植物志或该区域相关科研的数据进行推断，甚至是引用道听途说等缺乏证据的信息，数据来源及调查时间不明，且没有做进一步考证；二是保护区管理人员缺乏野生动植物鉴别、GIS 和数据库的知识，无法及时补充规范合格的数据；三是保护区未对各项调查原始数据给予足够重视，生物多样性数据无专人管理，数据往往分散在来保护区考察的科研人员手中，保护区仅有纸件或丢弃一旁或完全不掌握数据；四是保护区基础地理数据存在空缺或者版本比较陈旧，主要是因为遥感影像和地形数据价格昂贵，同时空间数据的加工对人员技术要求比较高。

（3）数据缺乏规范化和标准化以及软件平台多样化导致兼容性问题。由于目前保护区数字化建设没有统一的数据标准，每个 GIS 和数据库的建立都是以各使用单位或者研发部门的需求和分析为基础，数据字典、数据格式以及数据库软件均有较大差异，因此各保护区数据库之间无法实现数据共享。另外，数据标准的不统一，也直接影响软件平台的选择，这其中主要涉及 GIS 软件、开发软件和数据库软件，不同软件建立起来的信息系统更是加大了实现保护区信息共享的难度，例如目前市场上主流的 GIS 软件主要有 ESRI 公司的 ArcGIS 系列软件、MapInfo 公司的桌面 GIS 软件、北京超图公司的 SuperMap 系列软件等。尽管 GIS 软件发展至今，各软件之间已基本实现数据格式互转，但目前的各保护区开发的数字化信息系统属于二次开发，因此无法直接读取其他格式的 GIS 数据。而且，当前计算机操作系统、GIS 系统和数据库等软件技术更新速度较快，GIS 系统不能及时得到更新升级，也使得许多自然保护区投入巨资建立的 GIS 系统无法使用。

（4）功能过于简单。目前，自然保护区所建数据库多为信息管理系统（MIS），功能仅限于简单的数据查询、统计和报表生成工作，不能进行高层次、智能化的工作，未能充分应用成熟的地理信息系统和数据库技术，甚至连基本的保护区位置图和功能区划图都无法实现，而且这些数据库大多内容陈旧，缺乏数据更新和定期维护。迄今为止，尚未见到一个将保护区管理信息、生物资源数据、地理信息和图像融为一体、开放式、多功能的 GIS 软件系统。对于物种组成相似性分析、物种分布相似性分析、物种特有值分析、保护区系统评价和物种现状模拟等生物多样性高级分析功能更是无法实现。

（5）综合性自然保护区数字化信息平台较少。目前，开展自然保护区数字化建设主要集中在单个保护区管理机构，开发的信息系统也只适合该保护区使用，自然保护区宏观管理部门层面上目前仍然缺乏一个功能完整、数据全面、具有综合性管理的自然保护区数字化信息平台。尽管林业、环保、海洋等各主管部门也纷纷开展了相关研究，并建立了部门级别的自然保护区数字化信息平台，但数据过于简单，而且由于数据分散在不同部门，数据管理标准不一致，存储格式也不尽相容，这给数据交换和共享带来困难，不利于对自然保护区信息的综合管理和决策。

因此，如何方便、迅捷、全面地为科学研究和保护区管理决策提供基础数据是当前自然保护区工作中亟待研究的课题，研究建立一个数据全面、功能模块满足保护区综合管理需求的自然保护区数字化信息平台是极其必要的。

3.4　自然保护区数字化信息平台设计

一个信息系统的设计是否合理，功能设计是关键和核心。即合理的系统设计必须建立在客观、正确且全面地分析和掌握了系统的需求的基础上，既能充分满足需求的功能，又能保证各项功能之间的有机联系。同时，在此基础之上设计数据库的类型、结构及各数据库之间的关系等，这些数据库的设计既要紧凑又要具备一定的可扩展性。

3.4.1　面向管理信息系统的设计思想

随着人类观测和记录客观事物的手段和能力的迅速提高，数据和信息的流动速度大大加快，以及大量信息源逐步向公众开放，使可获得的信息极大地丰富，时间约束已经成为决策和问题解决过程中的一个重要因素。这不仅体现在对于所出现的问题的反应时间上，而且还体现在获取信息和更新信息的速度方面。不仅体现在及时地获取多源信息的能力方面，还体现在如何尽快地将各个相互离散的信息片段集成为有意义的、能够为决策和问题解决起重要作用的综合信息和知识。

为此，我们将自然保护区数字化信息平台定位于一个基于 GIS 的管理信息系统，用于数据和信息的管理。一方面，要满足利用 Internet 方便的管理和利用属性数据，为用户提供属性数据浏览和分析功能的需要；另一方面，这个信息系统需要基于地理数据解决地理问题，用 GIS 的手段为用户提供空间数据浏览和分析功能。所以，需建立图文一体的自然保护区数字化信息平台，实现对自然保护区本底资料中属性、空间数据的管理和利用，为保护区的管理提供决策支持。

3.4.2　分层次软件开发

从软件开发与维护的角度，在设计复杂的软件系统时，使用最多的技术之一就是分层。当用分层的观点来考虑系统时，可以将各子系统想象成按照"多层蛋糕"的形式来组织，每一层都依托在其下层之上。在这种组织方式下，上层使用了下层定义的各种服务，而下层对于上层一无所知。另外，每一层对自己的上层隐藏起下层的细节。

将自然保护区数字化信息平台按照层次分解具有如下优点：

（1）在无须过多了解其他层次的基础上，可以将某一层作为一个有机整体来理解。

（2）可以替换某层的具体实现，只要前后提供的服务相同即可。

（3）可以将各层次间的依赖度降到最低。

（4）分层有利于标准化工作。

（5）一旦构建好了某一层次，就可以用它为很多上层服务提供支持。

所以，我们将自然保护区数字化信息平台划分为数据持久层、业务逻辑层和表现层三个基本层次。

3.4.3　组件式的软件开发

从系统的灵活性角度考虑，我们采用组件式的软件开发方式，从业务上将系统划分为基础数据管理、物种数据管理、法律法规管理、保护区文档管理、文献资料管理、图片与视频管理和空间数据管理七大模块；以系统的内部功能实现将系统划分为一个个相对独立的功能组件，相互之间使用接口进行通信。这样更好地反映了面向对象的软件开发思想，能够根据管理需求的变化，对系统进行灵活的功能增加或裁剪。

3.4.4 灵活性框架设计

（1）数字化信息平台运行环境随着时间推移，不可避免地会发生变化（如硬、软件技术的发展，管理需求的改变等），要使平台适应新的环境，势必对平台进行修改和扩充。同时，平台本身也需要不断提高和完善。为此，平台必须具有灵活性和可移植性，对外界环境条件的变化有很强的适应性。

（2）开发有关数据交换标准和数据交换软件，以方便整合数据。

（3）开发元数据表，提供数据精度和有效时限的详细描述，有效地对数据进行相应约束和验证，并提供数据精度和有效时限的配置功能，适应数据精度和有效时限的变化。

3.4.5 数据库结构设计

自然保护区数据库结构设计是整个数字化建设中的重点，保护区的本底数据能否被合理和高效的利用，关键需要一个优秀的数据库结构设计方案。尽管各级别自然保护区管理部门设计的数据库均有自己的特点，但由于需求各不相同，数据库结构设计的侧重点会有所差异。

行业主管部门作为保护区的综合性管理部门，对管辖范围内保护区的基本情况需要全面掌握，因此一般有以下数据需求：基本信息（如保护区名称、所在地区、面积、类型、批建时间、人员结构）、物种信息（包括动物、植物）、图片与视频（主要包括保护区照片和宣传视频）以及保护区空间位置（主要包括保护区四至坐标和功能区划）。单个保护区管理部门作为保护区管理的一线单位，在日常管护中需要开展一些如森林防火，物种监测等具体的工作，因此它除了需要掌握行业主管部门需求的该保护区相关数据外，还对以下数据有需求：地形地貌、交通水系、土地利用现状、植被类型以及物种分布情况等。综上所述，行业主管部门较为关注管辖范围内保护区数据的广度，而单个保护区管理部门较为关注自身保护区数据的深度。

因此，本系统在自然保护区资料库的基础上，编制并数字化全国自然保护区地理位置、功能区划等系列图件，与自然保护区管理基础数据库相结合，以全国 1∶100 万行政区划图、全国主要水系分布图、全国铁路分布图等图件为底图，采用 ArcGIS 作为地理信息系统平台，结合 SQL Server 数据库系统，研究制作自然保护区数字化信息平台，从而实现空间数据和属性数据互查，为自然保护区的科学管理提供空间辅助决策支持。

根据对我国目前自然保护区管理的需求和数据库结构类型的分析，可以将自然保护区数字化信息平台分为属性数据库和空间数据库两部分。其中属性数据库由自然保护区基础数据库、保护区物种数据库、保护区文档数据库、图片与视频数据库、法律法规及规章政策数据库、文献资料数据库组成；空间数据库由基础地理信息数据库、自然保护区空间数据库组成，如图 3-1 所示。目前，系统数据量多达 12G，涵盖了我国所有国家级及部分地方级自然保护区的位置图、功能区划图，建立了所有自然保护区的分布图和管理基础数据库，以及部分保护区的物种数据。

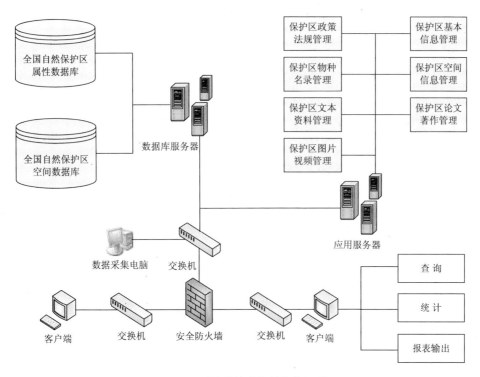

图 3-1 系统总体功能结构与组成

3.4.6 空间数据库的维护与管理

系统数据库平台采用 Microsoft SQL Server 2000。SQL Server 数据库是主流的，技术成熟的数据库，SQL Server 具备多种备份恢复机制及完善的用户管理机制，可靠性相当高。

系统采用空间数据引擎 ARCSDE9，空间数据存储在 SQL Server 数据库。ARCSDE 是一个基于关系型数据库基础上的空间数据库服务器，是对关系型数据库的一个扩展，与数据库间形成了一种 Client/Server 多层体系结构。ARCSDE 空间数据管理由于采用数据库来管理地理信息数据，可将地理信息和其他信息的数据管理方式一致起来，可以更大程度地实现地理信息系统应用和其他系统应用的集成。ARCSDE 实现了在多用户条件下的高效并发访问，可以无缝地管理海量的空间数据，具有长事务处理的能力，ARCSDE 提供的空间数据版本管理功能，在保证工作效率的前提下，很好地解决了空间数据的并发操作和数据一致性问题。

ARCSDE 把空间数据存储在 SQL Server 数据库，通过对数据库的备份可以备份空间数据，也可以通过 ARCSDE 的数据备份功能来备份 ARCSDE 的数据。ARCSDE 利用了数据库的安全手段，地理数据将更安全，更有保障。

3.4.7 系统组成

根据全国自然保护数字化信息平台建设目标，系统由网站子系统、数据中心子系统和空间数据子系统三个子系统组成。如图 3-2 所示。

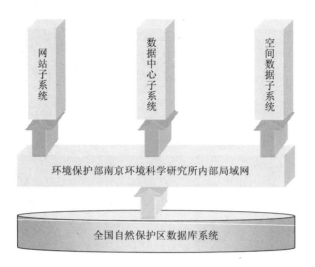

图 3-2　全国自然保护数字化信息平台组成

3.4.7.1　网站子系统研发方案

全国自然保护数字化信息平台是一个基于 B/S 架构体系的信息系统,因此需要构建一个门户网站,实现对涉及自然保护区各类数据的综合管理。

网站子系统主要功能设计有:新闻中心浏览及查询、机构介绍浏览及查询、政策法规浏览及查询、论文著作浏览及查询、保护区论坛。

➢ 新闻中心浏览及查询:实现对涉及保护区相关新闻的浏览及查询。系统用户可浏览及查询国内新闻、国际新闻和生物多样性新闻。

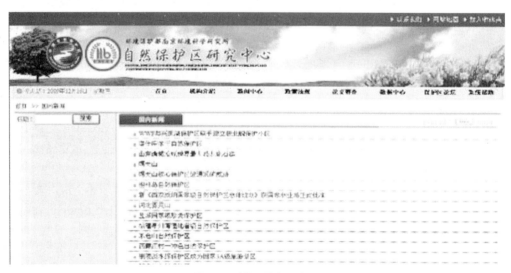

图 3-3　新闻浏览及查询

➢ 政策法规浏览及查询:通过调用保护区法律法规数据库实现对涉及保护区的法律法规、标准规范、规章制度、国际相关法律、国家级审批文件的浏览及查询。

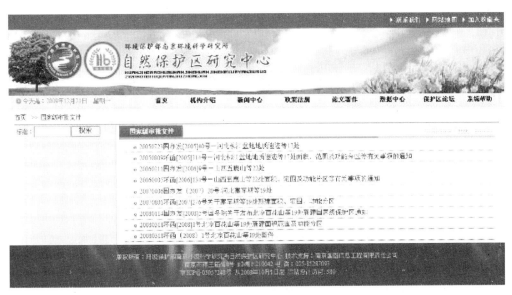

图 3-4　国家级审批文件浏览及查询

➢ 论文著作浏览及查询：实现对涉及保护区文献资料数据库中的期刊论文、会议论文、出版物、理论探讨的浏览及查询。

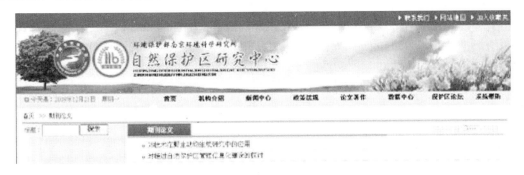

图 3-5　论文著作浏览及查询

➢ 保护区论坛：实现对保护区论坛的链接。

图 3-6　保护区论坛

3.4.7.2　数据中心子系统研发方案

数据中心子系统是全国自然保护数字化信息平台的核心内容，主要用于实现对自然保护区属性和空间数据的查询和统计，同时还可以查询单个保护区的详细情况，如保护区简介、相关视频、图片和文本资料等数据。

根据数据中心子系统功能需要，数据中心子系统结构设计如图 3-7 所示。

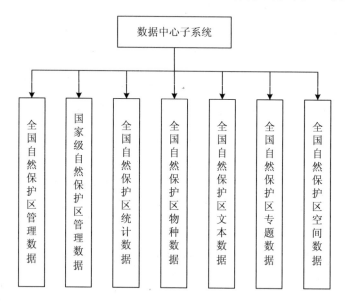

图 3-7　数据中心子系统结构

数据中心子系统主要功能设计有：全国自然保护区管理数据浏览及查询、国家级自然保护区管理数据浏览及查询、全国自然保护区统计数据浏览及查询、全国自然保护区物种数据浏览及查询、全国自然保护区文本数据浏览及查询、全国自然保护区专题数据浏览及查询。

➤ 全国自然保护区管理数据浏览及查询：通过调用全国自然保护区基础数据库实现对全国各级别自然保护区基础数据的浏览及查询。系统用户可按照保护区的名称、省份、类型、级别和隶属部门 5 个定制选项进行名查询，同时子系统还应具备复杂的高级查询功能，方便系统用户根据工作需要制定相应的条件进行查询。查询结果以列表形式展示，列表具备下载和打印功能；系统用户可以通过点击保护区名称进入该保护区的详细介绍页面，查看保护区简介、视频、图片、物种和相关文本数据；通过与空间数据子系统建立链接，系统用户可以通过选项框选择需要在空间数据子系统显示的保护区，实现保护区属性数据和空间数据互查。

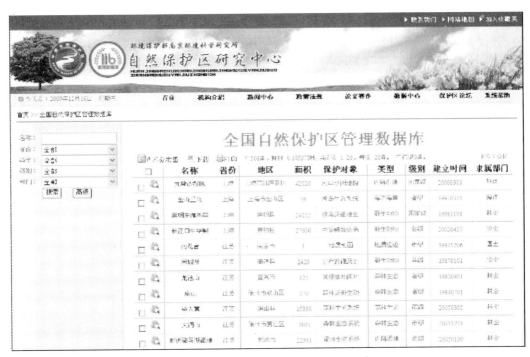

图 3-8　全国自然保护区管理数据浏览及查询

➢ 国家级自然保护区管理数据浏览及查询：实现对国家级自然保护区基础数据的浏览及查询，查询结果仅针对国家级自然保护区。功能设计与全国自然保护区管理数据浏览及查询相同。

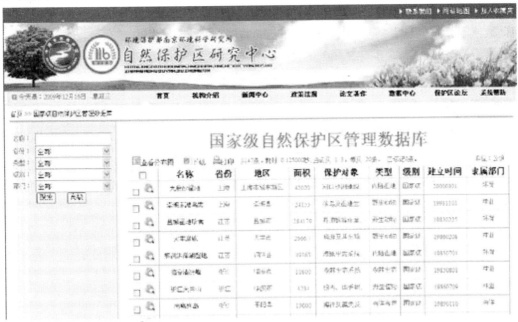

图 3-9　国家级自然保护区管理数据浏览及查询

➢ 全国自然保护区统计数据浏览及查询：随着全国自然保护区基础数据库中数据信息

的不断更新，系统能够自动实现全国自然保护区年度统计报表的实时生成。用户通过点击各统计报表名称，系统将实时生成对应的统计报表，并提供下载和打印功能。

图 3-10　全国自然保护区统计数据浏览及查询

➤ 全国自然保护区物种数据浏览及查询：通过调用保护区物种数据库实现对各自然保护区物种数据的浏览及查询。系统用户可按照物种中文名称或拉丁名称查询该物种分布在哪些保护区内，同时也可根据保护区名称查询该保护区的动植物数据。查询结果均以列表形式展示，列表具备下载和打印功能；通过与空间数据子系统建立链接，系统用户可以在空间数据子系统内查看某一物种具体分布在哪些保护区内。

图 3-11　全国自然保护区物种数据浏览及查询

➢ 全国自然保护区文本数据浏览及查询：实现对各自然保护区文本数据（如申报书、总规、科考报告等文本资料）的浏览及查询。查询结果以列表形式展示，列表提供下载和打印功能。

图 3-12　全国自然保护区文本数据浏览及查询

➢ 全国自然保护区专题数据浏览及查询：通过调用保护区文档数据库实现对各自然保护区专题数据的浏览及查询。专题数据主要包括各自然保护区申报书、总规、科考报告、图片、视频、地图、可研报告和其他相关电子文件的查询，系统用户还可以通过点击文本数据名称打开查看该数据。功能设计与文本数据浏览及查询相同。

➢ 链接全国自然保护区空间数据：实现对空间数据子系统的链接。

3.4.7.3　空间数据子系统研发方案

空间数据子系统主要实现全国自然保护区属性数据和空间数据互查，使系统用户能够直观地了解全国自然保护区分布和功能区划情况。

根据空间数据子系统功能需要，空间数据子系统结构设计如图 3-13 所示。

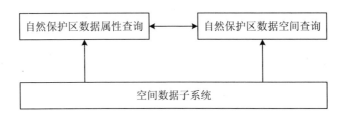

图 3-13　空间数据子系统结构设计图

空间数据子系统主要功能设计有：地图显示及浏览、图层控制、数据查询。

➢ 地图工具栏：主要实现对地图的放大、缩小、平移、全图、量算、点选查询、前一视图、后一视图、打印地图和显示经纬度等功能。

图 3-14　地图工具栏

➤ 图层控制：主要实现对系统加载图层的显示控制。

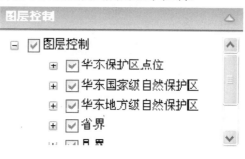

图 3-15　图层控制

➤ 数据查询：主要实现对保护区空间点要素的属性查询。系统用户可按照保护区的名称、省份、类型、级别和隶属部门 5 个定制选项进行名查询，同时子系统还应具备复杂的高级查询功能，方便系统用户根据工作需要制定相应的条件进行查询。

图 3-16　数据查询

➤ 查询结果：主要实现查询结果的可视化。一是在当前地图上高亮显示查询结果；二是将查询结果通过列表的方式展示，列表具有点选查看单个保护区基本信息、快速平移至该保护区以及居于地图中央的功能。

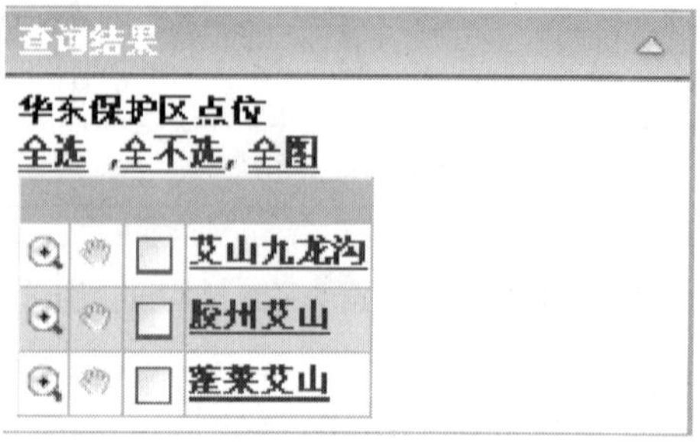

图 3-17　数据查询结果

3.4.8　小结

基于如上认识，本着构建一个"基于 B/S 架构的地理信息系统，以业务为先导，分层次的组件式信息系统"的设计思想进行全国自然保护数字化信息平台的设计。该设计采用目前主流的软件设计思想，能够较好地满足全国自然保护数字化信息平台的建设需要，能够方便日后的功能扩展与系统的维护升级。

在本系统设计过程中，项目考虑了系统的先进性、稳健性、安全性、开放性、实用性及其界面的友好性。其中先进性体现在符合计算机软件技术发展潮流，产品具有技术领先性和强大的可持续发展性，应用系统支持网络应用环境方面；稳健性体现在系统具有高可靠性和高容错能力，保证局部出错不影响全系统的正常工作；安全性体现在系统应具有多级安全控制措施和监控措施，保证系统的安全性，并能根据用户要求采用用户级别分级及密码检验机制，保障不同用户具有相应级别权限；开放性体现在系统具有灵活的体系结构，具有良好的可扩充性，能方便将来的升级扩充；实用性体现在充分借鉴已有的成功经验，考虑现有保护区数据的特点；界面友好性体现在采用交互式人机会话操作，界面美观、操作简便。

根据系统开发目标与模块化开发方案，全国自然保护数字化信息平台采用面向对象的"用案例驱动，以架构为中心，迭代和增量开发"的统一软件开发过程以及面向对象的自上向下逐步求精的方法进行软件开发。本系统开发的总体技术路线为：在充分分析各个模块的功能和结构的基础上，采用面向对象的用例分析（OOA），了解各个模块所涉及的对象和对象间的关系，建立系统架构，然后进行面向对象的设计（OOD），迭代和增量开发系统各个组成模块，最后采用面向对象的程序设计（OOP），用面向对象的语言实现整个数字化平台的开发。

在系统软件设计上，建立基于组件技术的开放的集成的共享平台和统一的应用配置管理系统，对系统用户、消息机制、可扩展配置等进行管理。

3.5　展望

众所周知，自然保护区对保障国家生态安全的作用将越来越重要，对于信息化的需求也越来越迫切。现代计算机技术、信息技术的发展突飞猛进以及网络的进一步普及，这些将给自然保护区数字化建设带来更加深刻的变革。具体而言有以下几点：

（1）数字化保护区由纯数据库管理信息系统（MIS）向空间属性数据相结合的 GIS 发展。早期的保护区数字化建设研究主要集中在 MIS 上，通过建立关系型数据库存储保护区本底资料数据，并结合前台软件的输入和查询功能来管理数据。这一阶段的数字化保护区建设重点是收集属性数据，建立保护区数据标准并入库，功能也仅限于属性数据的查询与统计。随着 GIS 技术的飞速发展，保护区管理部门开始利用 GIS 对空间数据和属性数据的强大管理功能，将保护区及其周边区域的各种自然资源、生态环境、社会经济和项目工程等信息，以文字、图形、图像、数据库和 GIS 数据形式录入计算机，建立保护区 GIS 对上述信息进行管理维护、分析提取、规划评价等，以促进保护区日常工作的数据信息管理，支持保护成效的监测和评估系统的建立与运行，为保护区的科学管理、决策提供依据。

（2）功能由简单汇总向复杂应用发展，由简单的地图展示、数据查询向保护区规划、防火灭火、物种动态监测和生境保护深层次应用过渡，尤其是必须具备强大的生物多样性空间分析功能。在专家知识库的支持下，保护区数字化系统将开发物种组成相似性分析、物种分布相似性分析、物种特有值分析、保护区系统评价和物种现状模拟等生物多样性分析功能。

（3）"3S"技术一体化成为自然保护区地理信息系统设计的必然选择。GPS 成为 GIS 的重要数据来源，RS 为 GIS 提供多时段、宏观的自然环境数据，两者提供了自然保护区地理要素的空间定位、定性和定量的空间动态数据。GIS 反过来又为 RS 图像处理提供辅助手段。"3S"技术在自然保护区的应用将极大地促进生物多样性和自然资源管理的科学性和有效性。

（4）以数据为中心的设计思想。数据是应用系统的主体，所有的设计围绕数据进行，这是新的软件设计思想同传统设计思想最本质的区别。设计思路来源于对数据的详细分析，软件的发展依靠大量数据的检验，没有数据，软件就没有了生命力。因此，设计科学合理的数据结构将是今后保护区数字化的一项关键性工作。

此外，管理保护区相关属性的数据库技术从面向对象进入数据仓库管理，就是将分散在不同地点、不同单位的分布式数据库中的各类保护区数据，按一定的标准与规范统一进行处理、存储和管理。这将为国家级、省级、保护区级三级大容量数据存储提供技术支持。

（5）保护区数字化系统必须不断更新升级，以适应新的需要。使用数据库管理地图及其属性的空间数据，成为 GIS 应用发展的潮流。空间数据库技术正在逐步取代传统文件，成为越来越多的大中型 GIS 应用系统的空间数据存储解决方案。随着数据库技术、网络技术、空间分析、数据融合和模拟现实技术、操作系统、计算机硬件的升级更新以及社会需求的发展，自然保护区 GIS 有了新的内涵，必将朝着社会化、三维图形化、网络化方向发展。

第4章　国家级自然保护区网络优化布局

4.1　中国自然保护区现状

建立自然保护区是保护自然生态环境、自然资源和生物多样性，维护国土生态安全的有效措施，是促进人与自然和谐发展，建设生态文明，实现经济社会全面、协调、可持续发展的重要保障。

1956 年我国第一个自然保护区建立。改革开放以来，党中央、国务院高度重视生态环境保护和自然资源可持续利用，建立自然保护区速度加快。截至 2008 年底，全国共建立自然保护区 2 538 个（不含港、澳、台地区），总面积 149 万 km²，约占我国国土面积的 15%。初步建立了布局较为合理、类型较为齐全、功能较为完善的自然保护区体系。85% 的陆地自然生态系统类型、40% 的天然湿地、20% 的天然林、绝大多数自然遗迹、85% 的野生动植物种群、65% 以上的高等植物群落，特别是国家重点保护的珍稀濒危野生动植物及其栖息地，如大熊猫、朱鹮、亚洲象、扬子鳄、珙桐、苏铁等在各类保护区里得到了保护和恢复。

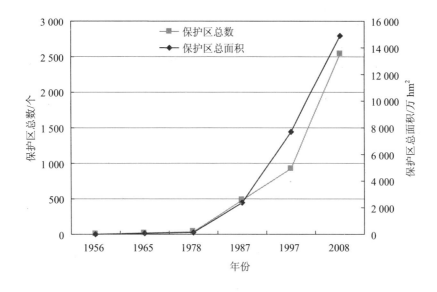

图 4-1　全国自然保护区发展动态

近年来，随着我国自然保护区对外交流活动的广泛开展，加入相关国际保护网络的自然保护区呈逐年增加趋势。到目前为止，列入联合国教科文组织"人与生物圈保护区网络"的有内蒙古锡林郭勒、赛罕乌拉等 28 个自然保护区。列入《湿地公约》"国际重要湿地名录"的有内蒙古达赉湖、鄂尔多斯遗鸥等 34 个自然保护区。作为世界自然遗产组成部分的有福建武夷山、湖南张家界等自然保护区。列入世界地质公园网络的有黑龙江五大连池、镜泊湖等自然保护区。此外，黑龙江扎龙、洪河等自然保护区还分别加入了东亚—澳大利亚迁徙徙禽保护区网络、东北亚鹤类保护区网络、雁鸭类保护区网络等相关国际保护区网络。

4.1.1　各级别自然保护区的数量和面积

2008 年底，我国已建国家级自然保护区 303 个，面积 9 120 万 hm^2，分别占全国自然保护区总数和总面积的 11.94% 和 61.23%。与十年前相比，国家级自然保护区数量和面积分别增加了 166 个和 6 360 万 hm^2，增长率高达 121% 和 230%。

省级自然保护区 806 个，面积 4 240 万 hm^2，分别占全国自然保护区总数和总面积的 31.76% 和 28.47%；市级自然保护区 432 个，面积 497 万 hm^2，分别占全国自然保护区总数和总面积的 17.02% 和 3.34%；县级自然保护区 997 个，面积 1 036.77 万 hm^2，分别占全国自然保护区总数和总面积的 39.28% 和 6.96%（图 4-2）。

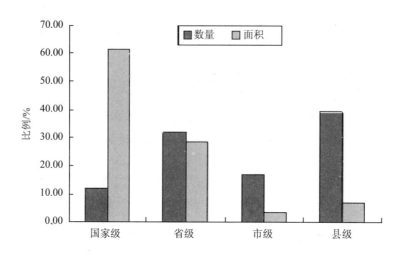

图 4-2　全国自然保护区各级别比例图

4.1.2　自然保护区的地区分布

从 2008 年底全国自然保护区统计结果来看，我国自然保护区在数量方面集中分布在广东（371 个）、内蒙古（196 个）、黑龙江（190 个）、江西（174 个）、四川（164 个）、云南（152 个）、贵州（129 个）等省份。上述 7 个省、自治区的自然保护区总数达 1 376 个，占全国自然保护区总数的 54.2%。

在自然保护区面积分布方面，目前主要集中分布在西藏（4 040.31 万 hm^2）、青海（2 182.22 万 hm^2）、新疆（2 149.44 万 hm^2）、内蒙古（1 383.18 hm^2）、四川（873.86 万 hm^2）、甘肃（754.08 万 hm^2）等西部省区，上述 6 个省、自治区的自然保护区面积占全国自然保护区总面积的 77.11%。全国 19 个面积超过 100 万 hm^2 的特大型自然保护区中，有 16 个分布在上述 6 省份。从自然保护区面积占国土面积的比例来看，2008 年年底，超过全国平均水平的有西藏（32.51%）、青海（30.28%）、甘肃（17.90%）、四川（16.54%）4 个省、自治区。

4.1.3　自然保护区的类型结构

从数量看，森林生态系统类型的自然保护区数量最多，达 1 316 个，占自然保护区总数的 51.85%，其余依次为野生动物类型 524 个、内陆湿地和水域生态系统类型 269 个、野生植物类型 156 个、地质遗迹类型 99 个、海洋与海岸生态系统类型 72 个、草原与草甸生态系统类型 41 个、荒漠生态系统类型 31 个、古生物遗迹类型 30 个。

在面积方面，野生动物类型自然保护区面积最大，共 4 531.01 万 hm^2，占自然保护区总面积的 30.42%，以下依次为荒漠生态系统类型 4 053.39 万 hm^2、森林生态系统类型 2 990.74 万 hm^2、内陆湿地和水域生态系统类型 2 827.72 万 hm^2、草原与草甸生态系统类型 218.68 万 hm^2、野生植物类型 266.39 万 hm^2、地质遗迹类型 120.57 万 hm^2、海洋与海岸生态系统类型 101.25 万 hm^2 和古生物遗迹类型 50.94 万 hm^2。

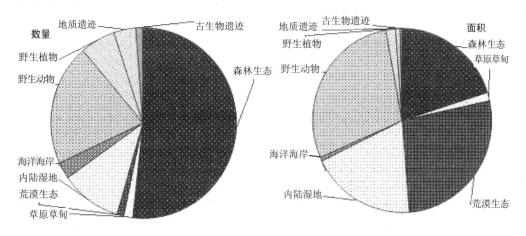

图 4-3　各类型自然保护区数量面积比例

4.1.4　国家级自然保护区网络布局面临的问题

由于以往自然保护区多是在抢救性保护策略的指导下建立的，因此缺乏正确的、系统的计划。虽然我国绝大多数自然生态系统类型和重点保护物种在自然保护区内可以得到较好的保护，但受保护的程度不均衡。现有的保护区网络在生物多样性保护方面存在着空缺，不能完整地保护生态系统、动植物及其生境。主要表现在下列方面：

（1）自然保护区的空间结构不尽合理。一些区域自然保护区过于密集，一些需要予以保护的区域，由于地方或部门积极性不够而没有建立自然保护区。一些保护区由于跨行政区界、跨国界，因行政管理问题而没有包含整个生态区域，使得许多迁徙动物的路线停留点没有在保护区内得到保护。许多需要较大分布区域的物种和生态系统，保护区面积难以满足要求。由于自然条件的变化、设立时范围划定过大等原因，一些已设立的自然保护区也存在范围、分区等布局不合理现象，需要调整范围和功能分区。

（2）自然保护区的类型结构还不尽合理。各类型自然资源受保护的程度不均衡，海洋和草原类型自然保护区落后于整体水平。目前，海域自然保护区面积占我国海域总面积的比例不到 3%，且以近岸海域为主。草原自然保护区建设进展缓慢，数量和面积规模都不适应保护的需要。全国应当优先保护的 120 多种生态系统类型中，有约 20 种尚未受到国家级自然保护区保护；另有 14 种虽在自然保护区中有分布，但保护区面积不足，难以达到保护效果。物种保护也存在空缺，一些我国珍稀特有的动植物尚未得到国家级自然保护区的保护。从总体上看，国家级保护区的空间分布与类型结构还不尽合理。

因此，开展国家级保护区网络布局评价研究，可以为优化自然保护区网络体系提供基础依据；在开展调查的基础上，结合经济社会发展规划，划建新的国家级保护区；按照流域、山系等自然地理单元对已有自然保护区进行系统整合；通过建立生态廊道，将相对集中分布但无法整合的保护区连接起来。通过上述措施，使国家级保护区的空间结构进一步优化，功能进一步完善，效益进一步提高。

4.2　国家级自然保护区网络优化布局方法

4.2.1　总体目标和布局原则

经专家咨询和项目组多次讨论，明确了保护区布局的总体目标和布局原则。本研究的总体目标是为保护我国典型的、有代表性的生态系统类型和珍稀濒危物种，构建全面的、有效管理的、在生态上有代表性的国家级自然保护区网络提供科学依据。

国家级自然保护区网络的布局原则是：

（1）根据珍稀濒危物种与自然生态系统保护的空缺状况，尤其是尚未得到保护的物种与生态系统的分布区，应该成为今后国家级自然保护区规划与建设的重点方向。

（2）从单个岛屿式保护区向保护区网络发展。从整体上保护濒危物种和生物多样性，不仅需要设计功能合理的自然保护区，而且需要从更大尺度上考虑不同栖息地之间物种的迁移和交流。许多自然保护区同属于一个生物地理单元，且相邻较近，应加强整合，建立具有相同功能的保护区网络、保护区群，设立生态廊道等，避免保护区成为"生态孤岛"。

（3）小型国家级自然保护区将是发展重点。一方面，目前我国自然保护区面积已占到国土面积的 15%，其中国家级自然保护区占到近 10%，再划建大的国家级自然保护区比较困难。但是仍有一些小种群物种或濒危物种需要得到国家级的保护，因此建立小型国家级自然保护区将是现实可行的办法。另一方面，由于受经济社会发展和认识水平的制约，一些 20 世纪建立的自然保护区范围过大，功能区划不尽合理，自然环境发生了巨大变化，以及一些国家重大开发建设项目不可避免地穿越保护区，因此自然保护区范围或功能区的调整将日趋增多。

4.2.2　研究思路

国家级自然保护区网络优化布局按照以下思路开展研究：

（1）对于尚未得到国家级自然保护区保护的濒危动植物和典型生态系统，应该尽可能地新建或扩建国家级自然保护区对其进行强化保护；

（2）对于主要保护对象为活动范围或所需栖息地面积较大的濒危动植物和典型生态系统，其所在保护区面积不能满足维持一个可长期存活的最小种群的需要且在与保护区毗邻地区还有其种群存活或者有潜在的栖息地时，应该适当扩大保护区范围；

（3）对于处于同一山系、水系等地理单元且保护对象比较一致的保护区，应该予以整合成为自然保护区群或建立生态廊道联结；

（4）对于迁徙动物的路线停留点或相对集中分布但无法整合的保护区，应通过建立生态廊道将其连接起来。

4.2.3　数据资料的准备

本研究使用的数据均来自公开发表的有关动植物分布、数量、受威胁状态、栖息地状况等信息的专著、论文、自然保护区总体规划、考察报告以及其他可利用的数据。在对相关数据资料进行处理后建立相应数据库，以全国省级/县级行政区划图（1∶100 万）（地图出版社，1995）为底图，采用了铁路、公路、河流水系等一系列可靠的、数字化的专题地图，按照统一的技术规范，制作了一大批自然保护区电子分布地图，并实现了空间数据与属性数据相结合。本研究的自然保护区范围包括 2008 年年底我国已建的所有国家级自然保护区及部分省级自然保护区。

4.3　物种保护空缺分析

4.3.1　调查与研究方法

本项目研究过程采取了文本资料收集和实地调查两种方法。文本资料的收集主要是通过收集自然保护区综合考察报告、总体规划以及相关专题研究或调查报告，统计和分析国家重点保护动、植物种在自然保护区内的分布状况。实地调查则是筛选部分重点自然保护区，实地调查国家重点保护物种在自然保护区内的种群变化动态，分析和研究其动态变化原因。

4.3.1.1　文本资料收集与分析

长期以来，由于我国自然保护区重建立轻管理现象比较严重，不少自然保护区的建立并未开展资源本底调查和科学论证，尤其是地市级和县级自然保护区甚少开展资源本底调查。因此，相关自然保护区生物物种资源本底资料收集难度较大。实际研究工作中，课题组共收集了 506 个自然保护区的综合考察报告、总体规划、专题调查报告或专题研究报告。其中，国家级自然保护区本底资料 243 份，省级自然保护区本底资料 218 份，地市级自然保护区本底资料 17 份，县级自然保护区本底资料 28 份。通过资料的整理分析，对自然保护区内国家重点保护动、植物物种进行编目，并在此基础上评价国家重点保护物种的就地保护状况。

从所调查的自然保护区占全国自然保护区比例情况来看（图 4-4），虽然调查的自然保护区数量仅占全国已建自然保护区数量的 21.7%，但被调查的自然保护区面积已占全国自然保护区总面积的 72.0%，并且调查的国家级自然保护区数量和面积占同期国家级自然保护区总数和总面积的 92.9% 和 99.5%。因此，本次调查的自然保护区内的物种分布状况基本能够反映全国自然保护区内的物种分布。同时，研究过程中对少数分布状况不明的动植物种，进行了资料检查并予以补充，最后的结论可以说是科学可信的。

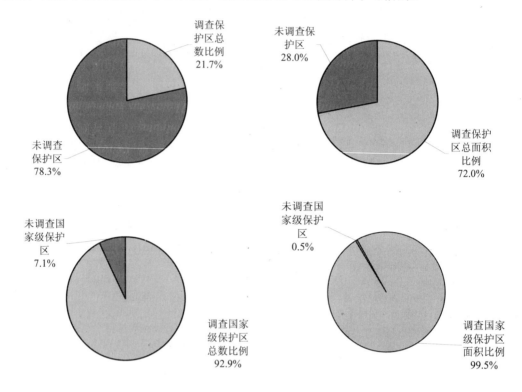

图 4-4　本底资料调查自然保护区比例

4.3.2　国家重点保护动植物就地保护评价指标

物种濒危程度反映了物种种群的现存数量及分布状况，也是评价物种保护状况的重要参考指标之一。

不同物种在自然保护区的分布状况差异很多，有的物种全部野生种群或其栖息地均被纳入自然保护区范围内，得到有效的就地保护，一些物种仅是极少数种群在自然保护区内有所分布，其主要分布区或栖息地则位于自然保护区之外。目前国内外对于物种的就地保护状况尚没有一套完整的评价指标，因而就评价物种就地保护状况时，往往仅能作出定性描述，即该物种是否在保护区内有分布。为了准确评价物种在自然保护区内的就地保护状况，本项研究中，根据国家重点保护物种本身的生物学、生态学特性，及其在自然保护区内的野生种群数量、分布范围以及能否正常繁衍的情况，针对国家重点保护物种就地保护的空缺状况，对得到较少保护和未受保护两种情况进行了分析。

较少保护：指该物种仅有少于 1/3 的野生种群在自然保护区内分布，且分布的自然保护区数目较少。评价参数：该物种仅在 1～5 个自然保护区内有分布。

未受保护：指该物种有资料表明在我国（不含港、澳、台地区）有分布，但其野生种群未分布在自然保护区内。评价参数：自然保护区中未发现该物种的任何种群。

4.3.3　国家重点保护物种就地保护评价结果

4.3.3.1　国家重点保护野生动物就地保护评价结果

通过对 473 个自然保护区物种资源的调查，记录分布于自然保护区内受到不同程度就地保护的国家重点保护动物共有 386 种，占保护动物总数的 84.84%，其中国家Ⅰ级重点保护野生动物 105 种，国家Ⅱ级重点保护野生动物 281 种。评价结果如下：

（1）"较少保护"的野生动物

自然保护区内有所分布，但分布的保护区甚少，就地保护评价结果为"较少保护"的国家重点保护野生动物共 113 种，约占国家保护动物总数的 24.84%。其中属于国家Ⅰ级重点保护的野生动物为 27 种，属于国家Ⅱ级重点保护的野生动物为 86 种。较少保护的国家重点保护野生动物有：矮蜂猴（*Nycticebus. pygmaeus*）、间蜂猴（*Nycticebus.coucany*）、白眉长臂猿（*Hylobates hoolock*）、白掌长臂猿（*Hylobates lar*）、白颊长臂猿（*Hylobates leucogenys*）、海南长臂猿（*Nomascushainanus*）、江獭（*Lutra lutra*）、熊狸（*Arctictis binturong*）、东北虎（*Panthera tigris*）、华南虎（*Panthera tigris amoyensis*）、孟加拉虎（*Panthera tigris bengalensis*）、印支虎（*Panthera tigris corbetti*）、北海狗（*Callorhinus ursinus*）、白暨豚（*Lipotes vexillifer*）、小鳁鲸（*Eubalaena japonica*）、蓝鲸（*Balaenoptera musculus*）、长须鲸（*Balaenoptera physalus*）、真海豚（*Delphinus delphis*）、虎鲸（*Orcinus orca*）、伪虎鲸（*Pseudorca crassidens*）、宽吻海豚（*Tursiops truncatus*）、豚鹿（*Cervus porcinus*）、普氏原羚（*Procapra przewalskii*）、倭岩羊（*Pseudois schaeferi*）、短尾信天翁（*Diomedea albatrus*）、卷羽鹈鹕（*Pelecanus crispus*）、黑颈鸬鹚（*Phalacrocorax niger*）、白腹军舰鸟（*Fregata andrewsi*）、岩鹭（*Egretta sacra*）、小苇鳽（*Ixbrychus minutus*）、彩鹳（*Ibis leucocephalus*）、黑鹳（*Ciconia nigra*）、彩鹮（*Plegadis falcincllus*）、红胸黑雁（*Branta ruficollis*）、拟兀鹫（*Pseudogyps bengalensis*）、日本松雀鹰（*Accipiter gularis*）、白眼鵟鹰（*Butastur teeas*）、棕翅鵟鹰（*Butastur liventer*）、小鹏（*Aquila pennata*）、白腹海鹏（*Haliaeetus leucogaster*）、白腹隼鹏（*Hieraaetus fasciatus*）、渔鹏（*Ichthyophaga nana*）、黑兀鹫（*Sarcogyps calvus*）、乌灰鹞（*Circus pygargus*）、短趾鹏（*Circaetus ferox*）、白腿小隼（*Microhierax melanoleuco*）、阿尔泰隼（*Falco altaicus*）、猛隼（*Falco severus*）、阿穆尔隼（*Falco amurebsis*）、四川山鹧鸪（*Arborophila rufipectus*）、海南山鹧鸪（*Arborophila ardens*）、黑头角雉（*Tragopan melanocephalus*）、红胸角雉（*Tragopan satyra*）、灰腹角雉（*Tragopan blythii*）、白尾梢虹雉（*Lophophorus sclateri*）、黑鹇（*Lophura leucomelana*）、长脚秧鸡（*Crex crex*）、姬田鸡（*Porzana parva*）、灰燕鸻（*Glarelola lactea*）、小鸥（*Larus minutus*）、黑浮鸥（*Chlidonias niger*）、黄嘴河燕鸥（*Sterna aurantia*）、黑嘴端凤头燕鸥（*Thalasseus zimmermanni*）、黄脚绿鸠（*Treron phoenicoptera*）、厚嘴绿鸠（*Treron curvirostra*）、黑颏果鸠（*Ptilinopus leclancheri*）、灰头鹦鹉（*Psittacula himalayana*）、仓鸮（*Tyto alba*）、纵纹角鸮（*Otus brucei*）、林雕鸮（*Bubo nipalensis*）、黄脚鱼鸮（*Ketupa flauipes*）、四川林鸮（*Strix davidi*）、灰喉针尾雨燕（*Hirundapus cochinchinensis*）、凤头雨燕（*Hemiprocne longipennis*）、橙胸咬鹃（*Harpactes oreskios*）、蓝耳翠鸟（*Alcedo meninting*）、黑胸蜂虎（*Merops leschenaulti*）、绿喉蜂虎（*Merops orientalis*）、银胸丝冠鸟（*Serilophus lunatus*）、蓝腰短尾鹦鹉（*Psittinus* cyanurus）、蓝枕八色鸫（*Pitta nipalensis*）、蓝背八色鸫（*Pitta soror*）、仙八色鸫（*Pitta nympha*）、四爪陆龟（*Testudo horsfieldii*）、凹甲陆龟（*Manouria impressa*）、蠵龟（*Carctta caretta*）、绿海龟（*Chelonia mydas*）、玳瑁（*Erctmochelys imbricata*）、太平洋丽龟（*Lepidochelys olivacca*）、棱皮龟（*Dermochelys coriacea*）、鳄蜥（*Shinisauridae*）、贵州疣螈（*Tylototriton kweichowensis*）、黄唇鱼（*Bahaba flavolabiata*）、松江鲈鱼（*Trachidermus fasciatus*）、克氏海马鱼（*Hippocampus kelloggi*）、川陕哲罗鲑（*Hucho bleekeri*）、秦岭细鳞鲑（*Brachymystax lenok tsinlingensis*）、红珊瑚（*Corallium* spp.）、虎斑宝贝（*Cypraea tigrs*）、冠螺（*Cassis cornuta*）、库氏砗磲（*Tridacna cookiana*）、鹦鹉螺（*Nautilus pompilius*）、尖板曦箭蜓（*Heliogomphus retroflexus*）、宽纹北箭蜓（*Ophiogomphus spinicorne*）、硕步甲（*Carabus davidi*）、彩臂金龟（*Cheirotonus* spp.）、格彩臂金龟（*Cheirotonus gestroi*）、阳彩臂金龟（*Cheirotonus jansoni*）、叉犀金龟（*Allomyrina davidis*）、金斑喙凤蝶（*Teinopalpus aureus*）、中华虎凤蝶（*Luehdorfia chinensis huashancnsis*）、阿波罗绢蝶（*Parnassins apollo*）、多鳃孔舌形虫（*Glossobalanus polybranchioporus*）。

（2）"未受保护"的野生动物

据有关资料表明在国内分布，但其野生种群均未分布在保护区内的"未受保护"野生动物共有 9 种，均为国家Ⅱ级保护野生动物，约占国家保护动物总数的 1.98%，包括：靴隼鵰（*Hieraaetus pennata*）、橙胸绿鸠（*Treron bicincta*）、紫蓝翅八色鸫（*Pitta moluccensis*）、镇海疣螈（*Tylototriton chinhaiensis*）、大头鲤（*Cyprinus pellegrini*）、佛耳丽蚌（*Lamprotula mansuyi*）、伟铗虮（*Atlasjapys atlas*）、戴褐臂金龟（*Propomacrus davidi*）、双尾褐凤蝶（*Bhutanitis mansfieldi*）。

被评价为"未受保护"的国家重点保护野生动物有鸟类 3 种，两栖类 1 种，鱼类 1 种，无脊椎动物 4 种。

4.3.3.2　国家重点保护野生植物就地保护评价结果

根据 473 个自然保护区野生植物调查资料的统计分析，306 种国家重点保护野生植物中，共有 264 种在自然保护区内有不同程度的分布，占总数的 86.27%，其中国家Ⅰ级保护植物 62 种，国家Ⅱ级保护植物 202 种。评价结果如下：

（1）"较少保护"的野生植物

分布的自然保护区数量较少，被评价为"较少保护"的国家重点保护野生植物共 90 种，约占国家重点保护植物总数的 29.41%，其中国家Ⅰ级保护野生植物有 19 种，国家Ⅱ级保护野生植物 71 种。包括：天星蕨（*Christensenia assamica*）、福建桫椤（*Gymnosphaera lampricaulon*）、海南白桫椤（*Sphaeropteris hainanensis*）、单叶贯众（*Cyrtomium hemionitis*）、玉龙蕨（*Sorolepidium glaciale*）、七指蕨（*Helminthostachys zeylanica*）、中华水韭（*Isoetes sinensis*）、高寒水韭（*Isoetes hypsophila*）、粗梗水蕨（*Ceratopteris pterioides*）、扇蕨（*Neocheiropteris palmatopedata*）、中国蕨（*Sinopteris grevilleoides*）、刺孢苏铁（*Bowenia serrulata*）、石山苏铁（*Cycas miquelii*）、多歧苏铁（*Cycas multipinnata*）、叉叶苏铁（*Cycas Micholitzii*）、柔毛油杉（*Keteleeria pubescens*）、澜沧黄杉（*Pseudotsuga forrestii*）、华东黄杉（*Pseudotsuga gaussentii*）、短叶黄杉（*Pseudotsuga brevifolia*）、云南穗花杉（*Amentotaxus yunnanensis*）、长叶榧树（*Torreya jackii*）、长喙毛莨泽泻（*Ranalisma rostratum*）、富宁

藤 (*Parepigynum funingense*)、蛇根木 (*Rauvolfia serpentina*)、驼峰藤 (*Merrillanthus hainanensis*)、七子花 (*Heptacodium miconioides*)、金铁锁 (*Psammosilene tunicoides*)、膝柄木 (*Bhesa sinensis*)、永瓣藤 (*Monimopetalum chinense*)、革苞菊 (*Tugarinovia mongolica*)、东京龙脑香 (*Dipterocarpus retusus*)、多毛坡垒 (*Hopea mollissima*)、望天树 (*Parashorea chinensis*)、貉藻 (*Aldrovanda vesiculosa*)、翅果油树 (*Elaeagnus mollis*)、东京桐 (*Deutzianthus tonkinensis*)、台湾水青冈 (*Fagus hayatae*)、三棱栎 (*Formanodendron doichangensis*)、报春苣苔 (*Primulina tabacum*)、酸竹 (*Acidosasa chinensis*)、沙芦草 (*Agropyron mongolicum*)、异颖草 (*Anisachne gracilis*)、短芒披碱草 (*Elymus breviaristatus*)、内蒙古大麦 (*Hordeum innermongolicum*)、药用野生稻 (*Oryza officinalis*)、华山新麦草 (*Psathyrostachys huashanica*)、三蕊草 (*Sinochasea trigyna*)、拟高粱 (*Sorghum propinquum*)、乌苏里狐尾藻 (*Myriophyllum ussuriense*)、长柄双花木 (*Disanthus cercidifolius var. longipes*)、四药门花 (*Tetrathyrium subcordatum*)、普陀樟 (*Cinnamomum japonicum*)、卵叶桂 (*Cinnamomum rigidissimum*)、线苞两型豆 (*Amphicarpaea linearis*)、紫檀 (*Pterocarpus indicus*)、油楠 (*Sindora glabra*)、地枫皮 (*Illicium difengpi*)、馨香玉兰 (*Magnolia odoratissima*)、长喙厚朴 (*Magnolia rostrata*)、香木莲 (*Manglietia aromatica*)、大果木莲 (*Manglietia grandis*)、大叶木莲 (*Manglietia megaphylla*)、石碌含笑 (*Michelia shiluensis*)、云南拟单性木兰 (*Parakmeria yunnanensis*)、粗枝崖摩 (*Amoora dasyclada*)、贵州萍蓬草 (*Nuphar bornetii*)、雪白睡莲 (*Nymphaea candida*)、合柱金莲木 (*Sinia rhodoleuca*)、蒜头果 (*Malania oleifera*)、龙棕 (*Trachycarpus nana*)、羽叶点地梅 (*Pomatosace filicula*)、粉背叶人字果 (*Dichocarpum hypoglaucum*)、绣球茜 (*Dunnia sinensis*)、异形玉叶金花 (*Mussaenda anomala*)、掌叶木 (*Handeliodendron bodinieri*)、蛛网萼 (*Platycrater arguta*)、胡黄连 (*Neopicrorhiza scrophulariiflora*)、呆白菜 (*Triaenophora rupestris*)、山莨菪 (*Anisodus tanguticus*)、丹霞梧桐 (*Firmiana danxiaensis*)、平当树 (*Paradombeya sinensis*)、长果安息香 (*Changiostyrax dolichocarpa*)、秤锤树 (*Sinojackia xylocarpa*)、柄翅果 (*Burretiodendron esquirolii*)、蚬木 (*Burretiodendron hsienmu*)、海南椴 (*Hainania trichosperma*)、珊瑚菜 (*Glehnia littoralis*)、茴香砂仁 (*Etlingera yunnanense*)、长果姜 (*Siliquamomum tonkinense*)、发菜 (*Nostoc flagelliforme*)。

(2) "未受保护" 的野生植物

在我国大陆地区有分布，但在自然保护区内无记录，被评价为 "未受保护" 的国家重点保护野生植物共有 36 种，约占国家重点保护植物总数的 11.76%，其中国家 I 级保护植物 11 种，国家 II 级保护植物 25 种。这一类植物有：对开蕨 (*Phyllitis japonica*)、光叶蕨 (*Cystoathyrium chinense*)、宽叶水韭 (*Isoetes japonica*)、葫芦苏铁 (*Cycas changjiangensis*)、锈毛苏铁 (*Cycas ferruginea*)、灰干苏铁 (*Cycas hongheensis*)、台湾穗花杉 (*Amentotaxus formosana*)、芒苞草 (*Acanthochlamys bracteata*)、普陀鹅耳枥 (*Carpinus putoensis*)、天台鹅耳枥 (*Carpinus tientaiensis*)、画笔菊 (*Ajaniopsis penicilliformis*)、广西青梅 (*Vatica guangxiensis*)、瓣鳞花 (*Frankenia pulverulenta*)、辐花 (*Lomatogoniopsis alpina*)、单座苣苔 (*Metabriggsia ovalifolia*)、秦岭石蝴蝶 (*Petrocosmea qinlingensis*)、无芒披碱草 (*Elymus submuticus*)、毛披碱草 (*Elymus villifer*)、四川狼尾草 (*Pennisetum sichuanense*)、箭叶大油芒 (*Spodiopogon sagittifolius*)、银缕梅 (*Shaniodendron subaequalum*)、水菜花 (*Ottelia cordata*)、子宫草（*Skapanthus oreophilus*）、舟山新木姜子（*Neolitsea sericea*）、烟豆（*Glycine tabacina*）、短绒野大豆（*Glycine tomentella*）、盾鳞狸藻（*Utricularia punctata*）、落叶木莲（*Manglietia decidua*）、毛果木莲（*Manglietia hebecarpa*）、峨眉拟单性木兰（*Parakmeria omeiensis*）、斜翼（*Plagiopteron suaveolens*）、川藻（*Terniopsis sessilis*）、丁茜（*Trailliaedoxa gracilis*）、冰沼草（*Scheuchzeria palustris*）、广西火桐（*Erythropsis kwangsiensis*）、拟豆蔻（*Paramomum petaloideum*）。

"未受保护"的国家重点保护野生植物种群数量极少，有的不足十株，如普陀鹅耳枥、天台鹅耳枥、广西青梅、广西火桐、舟山新木姜子等。一些评价为"未受保护"的植物虽在自然保护区内无分布，但在风景名胜区或森林公园等其他类型保护地中有分布，如天台鹅耳枥、普陀鹅耳枥、舟山新木姜子、峨眉拟单性木兰等。

4.3.4　结论

评价结果表明，我国自然保护区建设在物种资源保护方面发挥了极为重要的作用。455种国家重点保护动物中，有386种在自然保护区内有不同程度的分布，约占国家重点保护动物总数的84.84%；306种国家重点保护野生植物中，有264种在自然保护区内有不同程度的分布，约占国家重点保护植物总数的86.27%。

评价结果还表明，目前我国不少珍稀濒危物种已经建立起十分有效的自然保护区就地保护网络。如大熊猫，仅调查的473个保护区中，就有48个有分布，基本覆盖了岷山山系、秦岭南坡、邛崃山、大小相岭和凉山山系的大熊猫主要分布区；又如丹顶鹤，473个自然保护区中，有丹顶鹤分布的保护区已达83个，这些保护区分布于内蒙古、辽宁、吉林、黑龙江、江苏、山东等省、区、市，形成了覆盖丹顶鹤繁殖区、迁徙停歇区、越冬区的有效网络。

但也应看到，目前尚有9种国家重点保护野生动物、36种国家重点保护野生植物在自然保护区内尚无分布记录，此外还有113种国家重点保护野生动物、90种国家重点保护野生植物所受到的就地保护较少。因此，应该针对这些濒危野生动植物分布的区域，重点加强自然保护区建设，形成完善的全国自然保护区网络，更好地保护生物物种资源。

4.4　国家级自然保护区网络优化布局技术方案

我国地域辽阔，自然环境复杂，生物多样性丰富独特，自然生态系统、自然遗迹类型多样。根据濒危野生动植物等各类保护对象的地域分布和特点、生态功能的重要性、景观连通性以及各种类型自然保护区的现状等提出了本技术方案，为建设与国家保护目标相一致的国家级自然保护区网络，切实保护好我国最为重要的生物多样性和自然遗迹提供依据。

按照《中国自然保护区发展规划纲要（1996—2010年）》，全国分为东北山地平原区、蒙新高原区、华北平原黄土高原区、青藏高原区、西南高山峡谷区、中南西部山地丘陵区、华东丘陵平原区、华南低山丘陵区、中国管辖海域区9个自然保护分区。优化空间布局就是根据保护需求和各个区域的不同特点新建国家级自然保护区，并对现有自然保护区进行系统整合或建立廊道，分区推进自然保护区的建设工作。

4.4.1　东北山地平原区

本区位于我国东北部,包括黑龙江、吉林、辽宁及内蒙古部分地区,总面积 124 万 km²,占全国土地面积的 12.9%。本区是我国生物多样性丰富的地区之一,拥有我国现存最大的原始林区,森林面积约占全国的 1/4,主要分布于大、小兴安岭、长白山等地。

该区主要保护对象是寒温带、温带天然植被类型、珍稀野生动植物如东北虎、原麝、梅花鹿、白鹤、丹顶鹤、浮叶慈姑和红松等物种种群及其栖息地,以及以辽西鸟化石群为代表的古生物遗迹。主要植被类型有森林、草原和沼泽。区内具有显著的地带性植被,水平分布和垂直分布均较明显,从北向南分布有寒温带针叶林和温带针阔混交林;从东向西为森林、森林草原和草原。草原主要分布于大兴安岭以西地区,其中呼伦贝尔草原为我国仅有的两大片高草草原之一。小兴安岭东南侧和长白山北端的三江平原以及松嫩平原是湿地分布比较集中的地区。目前已建自然保护区 382 个,总面积 1 504.6 万 hm²,约占区域国土面积的 12.1%。

布局重点:东北虎的活动生境偏小,需要以东北虎等大型猫科动物为中心,加强对东北虎野生种群的抢救性保护,争取将其主要活动区域通过建立自然保护区群和廊道连成一片,与俄罗斯建立跨界保护区;与蒙古、俄罗斯建立跨界湿地保护区;在松嫩平原、三江平原、大兴安岭、小兴安岭、长白山地等区域,以现有国家级自然保护区为核心,进行系统整合和完善,形成各具特色的自然保护区网络。

4.4.2　蒙新高原区

本区位于我国西北部,包括新疆全部和内蒙古、宁夏、甘肃、陕西、山西、河北等省(自治区)的大部分或一部分,总面积 269 万 km²,占全国土地面积的 28%。本区是全国面积最大的一个区,气候干燥寒冷,地表植被稀疏而单纯。

主要植被属于温带典型草原、温带荒漠草原、温带荒漠类型。温带典型草原主要分布于锡林郭勒高原,温带荒漠草原主要分布于乌兰察布高原地区和新疆阿尔泰山至富蕴以东地区,温带荒漠区主要分布于准噶尔盆地、塔里木盆地、阿拉善高原以及鄂尔多斯台地两端。新疆北部、阿尔泰山西部地区地带性植被以山地草原为主。森林主要分布在阿尔泰山、天山、祁连山、阴山—贺兰山,主要为寒温带、温带高山针叶林,呈带状或块状与草原相间分布。此外,在一些内陆河流沿岸,有胡杨林分布。动物属于古北界蒙新区,主要由草原、荒漠类型动物所组成。主要地质遗迹以发育独特的地质地貌景观为特征,典型的有西秦岭地区的高山峡谷地质地貌,还有西部独特的中生代硅化木林、多种恐龙化石产地等。本区是我国自然环境比较脆弱的地区,也是西部大开发的重点区域之一。目前已建自然保护区 153 个,总面积 3 807.0 万 hm²,约占区域国土面积的 14.1%。

布局重点:需要按山系、流域、荒漠等生物地理单元整合和建立大型自然保护区,扩大自然保护区网络;加强野骆驼、野驴、盘羊、雪豹等干旱草原区域有蹄类动物和鸨类、蓑羽鹤、黑鹳、遗鸥等珍稀鸟类的保护;加强典型荒漠生态系统保护,以及阴山、贺兰山、祁连山、天山、阿尔泰山等山地水源林的保护;加强对新疆野苹果和新疆野杏等野生果树种质资源和牧草种质资源的保护。

4.4.3 华北平原黄土高原区

本区包括北京、天津、山东全部和河北、河南、山西的大部分，江苏、安徽的淮北地区，陕西、宁夏、甘肃的中部和青海的东部，总面积 95 万 km^2，占全国土地面积的 9.9%。本区是我国开发最早的地区之一，由于长期垦殖和其他生产活动的影响，生物多样性较低。

本区植被具有较大的过渡性质，是邻近植物区系的汇集地。动物区系属古北界华北区，属于本区的特有种较少。燕山—太行山地区和渤海湾滨海湿地是生物多样性较丰富的区域，特别是环渤海湾湿地是全球迁徙鸟类的重要停歇地。本区是我国自然保护区建设薄弱区域。目前已建自然保护区 199 个，总面积 305.4 万 hm^2，约占区域国土面积的 3.2%。

布局重点：加强该地区的生境和生态系统恢复；以建立中小型自然保护区为主，重点加强黄土高原地区次生林、燕山—太行山地区的典型温带森林生态系统、黄河中游湿地、滨海湿地和华中平原区湖泊湿地，褐马鸡等特有雉类、鹤类、雁鸭类、鹳类栖息地，以及华北系列标准地层剖面和古生物化石的保护；建立保护区之间的廊道，恢复已退化的生境。

4.4.4 青藏高原区

本区位于我国西南部，包括西藏、青海的大部分、四川西北部和甘肃的一部分，面积约 173 万 km^2，占国土面积的 18%。本区是南亚、东亚主要河流的发源地，发育了典型的高原沼泽湿地、冻原湿地和冰川雪山。地球上海拔最高的高原屹立在本区南部，自然条件非常独特，高原自然景观保存比较完整，高寒类型的野生动物种类丰富，境内还分布着地球上独一无二的高寒荒漠生态系统。

区内分布着面积广阔的高寒植被，植被类型比较单纯，从东南到西北，随着地势逐渐升高，气候由湿到干，由暖到冷的变化，依次出现高寒灌丛、高寒草甸、高寒草原和高寒荒漠，森林覆盖率很低。动物区系属古北界青藏区，高寒地区特有野生动物资源丰富。保护的重点是东南部高山森林和草原动物，如白唇鹿、马麝、猞猁、豹猫、马熊、白马鸡、雪鹑、虹雉和雉鹑等；西北部高寒荒漠动物藏羚羊、藏野驴、藏原羚、雪豹、岩羊、盘羊等，还有青海湖湖岸周围沙地的普氏原羚分布区，青海高原的黑颈鹤栖息地等。本区是我国自然环境保存最为完好的区域，也是自然保护区面积占辖区国土面积比例最高的区域。目前已建自然保护区 36 个，总面积 6 244.4 万 hm^2，约占区域国土面积的 36.1%。

布局重点：加强雅鲁藏布江大峡谷等生物多样性极其丰富地区的保护。保护对象应侧重于典型高山针叶林、高寒草原、大江大河源头、高原湖泊等生态系统，普氏原羚、雪豹、黑颈鹤、喜马拉雅红豆杉等珍稀濒危物种，以及中、新生代地质构造景观、盐湖景观等。

4.4.5 西南高山峡谷区

地处青藏高原的东南部，包括横断山区及雅鲁藏布江大拐弯地带，含西藏东南部、四川西部及云南西北部，面积约 65 万 km^2，占全国土地面积的 6.8%。本区是世界植物区系最丰富的区域之一，曾是第四纪冰川期物种的避难所，古老和孑遗的科属种很多，珍稀树种特别丰富；动植物区系组成的垂直变化明显，南北动物混杂。横断山区是我国雉鸡类的分布中心，川西北的邛崃山、凉山等地则是大熊猫的主要分布地。本区是我国生物多样性最丰富的区域，也是自然保护区建设重点区域之一。目前已建自然保护区 160 个，总面积 898.9 万 hm²，约占区域国土面积的 13.8%。

布局重点：以喜马拉雅东缘和横断山北段、南段为核心进行自然保护区整合和连通，适当扩大一批已建国家级自然保护区的范围，重点保护高山峡谷完整生态系统、原始森林以及大熊猫、金丝猴、孟加拉虎、印支虎、黑麝、虹雉等特有雉类，以及红豆杉、兰科植物等国家重点保护野生动植物种群及栖息地。

4.4.6　中南西部山地丘陵区

本区位于秦岭以南，包括贵州全部，四川、云南大部分，陕西、甘肃、河南、湖北、湖南、广西的部分地区，面积 91 万 km²，占全国土地面积的 9.5%。该区地处青藏高原到长江中上游丘陵平原间的过渡地带，植物群落组成复杂，子遗植物多、特有珍稀树种丰富，是世界竹类分布中心。区内动物组成比较复杂，是我国特有濒危动物大熊猫、金丝猴、羚牛、长臂猿的主要分布地区之一。本区是我国生物多样性丰富地区之一，也是自然遗迹最丰富地区之一。目前已建自然保护区 422 个，总面积 684.6 万 hm²，约占区域国土面积的 7.5%。

布局重点：加强三峡库区周边地区、大巴山地区、秦岭地区、武陵山地区、伏牛山地区等重点区域的保护，需要建立以小型国家级自然保护区，整合地域相连、保护目标相同的自然保护区。保护对象主要侧重于喀斯特地区森林等自然植被，大熊猫、金丝猴、扭角羚等珍稀物种栖息地，寒武系动物化石群、岩溶地貌景观，以及中华鲟、白鲟、达氏鲟、川陕哲罗鲑、秦岭细鳞鲑等珍稀鱼类的产卵场、索饵场、越冬场和洄游通道等。

4.4.7　华东丘陵平原区

本区位于我国东部，包括江西、浙江、上海的全部和河南、安徽、江苏、湖北、湖南、福建、广东、广西的大部分或部分地区，总面积 109 万 km²，占全国土地面积的 11.4%。本区局部地方存留一些古老的珍贵植物，如金钱松、银杉、伯乐树、珙桐等。常见动物有黑麂、毛冠鹿、猕猴、短尾猴、白颈长尾雉等；珍贵动物如扬子鳄仅分布在安徽、浙江部分地方，数量十分稀少；广西大瑶山的鳄蜥也是我国特有的一个古老物种；江西彭泽和浙江临安等地发现较少的野生梅花鹿种群；湖泊及沿海滩涂是天鹅、丹顶鹤、白鹤、白枕鹤、东方白鹳、黑鹳、鸳鸯及各种水禽候鸟的越冬区和栖息地。目前已建自然保护区 795 个，以中、小型为主，总面积 535.2 万 hm²，约占区域国土面积的 4.9%。

布局重点：加强南岭地区、浙闽山地地区、浙皖低山丘陵地区、大别山地区等重点区域的保护，为尚未得到保护的小种群国家重点保护动植物建立小型自然保护区，加强金钱松、银杉、银缕梅、珙桐等，以及扬子鳄、瑶山鳄蜥、野生梅花鹿、麋鹿、黑麂、黄腹角雉、白颈长尾雉等珍稀动植物种群及栖息地的保护，加强对沿江、沿海湿地和丹顶鹤、白鹤越冬地的保护，加强对华南虎潜在栖息地的保护。

4.4.8 华南低山丘陵区

本区地处我国最南部，包括福建、广东、广西沿海地区和广西、云南南部丘陵山地及海南岛、台湾岛的全部，总面积约 34 万 km²。占国土面积的 3.5%。本区属热带、南亚热带季风气候，特点是高温多雨，干湿季节比较明显。沿海岸线和琼雷台地有红树林的分布，繁茂的热带雨林、季雨林为动物栖息繁殖提供了良好的条件，并有许多特有科、属、种分布其中。本区森林动物主要是灵长类；野象、印支虎仅分布于西双版纳、思茅、南滚河一带；爬行动物繁多，尤其是龟鳖和蛇类；其他珍贵动物有海南坡鹿、野牛等。其中滇南西双版纳地区、桂西南石灰岩地区、海南岛中南部山地是我国重要的自然保护优先区域。目前已建自然保护区 255 个，总面积 263.0 万 hm²，约占区域国土面积的 7.7%。

布局重点：加强海南中部山区、云南西双版纳地区和桂西南石灰岩地区等生物多样性重点地区的保护，对特有灵长类、亚洲象、海南坡鹿、野牛等国家重点保护野生动物以及热带珍稀植物资源进行重点保护。同时，对面积较小的自然保护区，进行调整和整合，建设生态廊道，并积极与邻国建立国际自然保护区。

4.4.9 中国管辖海域区

本区包括我国管辖范围内的全部海区、海洋岛屿及海岸带，管辖的海域面积约 300 万 km²。中国海域生物区系作为一个整体，暖水性物种较多，呈暖温带特性。沿岸入海河流众多，黄河、长江、珠江等大河每年向近岸海域输送大量的淡水和泥沙，给海洋生物的生长繁殖提供了极为有利的自然条件，形成一些重要海洋生物资源的产卵场、索饵场和越冬场。南海珊瑚礁区、环渤海湾区、山东黄海区和广东南海区都是海洋保护的优先地区。

本区已建自然保护区 147 个，总面积 751.8 万 hm²，主要集中在近岸海域，外海的较少。应大幅度增加我国管辖海域自然保护区的面积。与我国海洋物种保护的实际需求相比，还存在较大空缺，保护物种的数量偏少。一些重要海洋珍稀濒危物种和重要渔业资源还未纳入保护名录，海洋无脊椎动物、热带岛屿树种等列入保护名录的种类很少。

根据海洋物种濒危程度和经济捕捞强度，建议列入保护名录的有：海洋无脊椎动物包括海洋珊瑚 30 种，海洋软体类 23 种及砗磲科、丽蚌科所有种，虾蟹类 53 种，鲎类所有种，海参类 54 种，海胆类 8 种，海星 5 种，以及海豆牙（*Lingulidae* spp.）酸浆贝（*Terebratalia coreanica*）、三崎柱头虫（*Balanoglossus misakiensis*）、白氏文昌鱼（*Branchiostoma belcheri*）；海洋脊椎动物包括盲鳗 7 种，银鲛 6 种，鲨类 41 种，魟鳐类 18 种，蝠鲼 6 种，鳗类 19 种，海马及海龙 8 种，其他硬骨鱼类 108 种，海蛙（*Fejervarya cancrivora*）、瘰鳞蛇（*Acrochordus granulatus*）、黑斑水蛇（*Enhydris bennettii*），海草全部 18 种，红树及半红树植物全部 38 种，南海诸岛乔木 5 种。

布局重点：加强海洋类型国家级自然保护区建设，对列入国家重点保护野生动植物名录和建议重点保护的物种实施强化保护，优先建设东海、南海上升流，黄海冷水团，黑潮流域大海洋生态系，以及一些重要渔业资源分布和恢复关键区的自然保护区。

4.5　国家级自然保护区优化布局建议

为了构建全面、有效管理和在生态上具有代表性的国家和区域保护区网络，国家级自然保护区规划布局的主要任务集中在两个方面：一是对于生物多样性保护优先地区的保护空缺地区新建国家级自然保护区；二是对现有国家级自然保护区进行整合。

4.5.1　建议整合的国家级自然保护区

在现有的国家级自然保护区中，一些保护区需要进行整合，加强协调，必要时建立生态廊道加强物种基因的交流。对现有国家级自然保护区进行整合的理由有以下两个方面：

（1）将两个因省界等行政界线而分开的保护区进行整合，或加强保护区规划和管理上的协调，以便更有效地保护生物多样性；

（2）对大型肉食动物保护和其他范围较大的国家级物种保护而言，该保护区面积太小，而且在相邻自然保护区内有合适的生境，可以通过建立生态廊道加强联结。

表 4-1　建议整合的国家级自然保护区列表

序号	保护区名称	总面积/hm²
1	北京百花山与河北小五台山	43 576
2	北京—河北雾灵山	18 399
3	北京松山、河北大海陀	15 885
4	山西阳城蟒河、历山、河南焦作太行山猕猴	100 000
5	山西运城湿地、河南黄河湿地、陕西黄河湿地	212 209
6	内蒙古赛罕乌拉、大冷山、古日格斯台、特金罕山、高格斯台罕乌拉、乌兰坝—石棚沟	521 644
7	内蒙古锡林郭勒草原、白音敖包、黄岗梁、达里诺尔	751 582
8	内蒙古西鄂尔多斯、内蒙古—宁夏贺兰山	748 664
9	内蒙古科尔沁、吉林向海	232 454
10	内蒙古大青沟、辽宁章古台	27 807
11	内蒙古汗马、黑龙江呼中	274 561
12	辽宁双台河口、凌河口湿地	163 556
13	黑龙江红星湿地、友好湿地、大沾河湿地、翠北湿地	420 000
14	黑龙江穆棱东北红豆杉、六峰湖	41 838
15	黑龙江凉水、碧水中华秋沙鸭	20 000
16	黑龙江洪河、三江、饶河东北黑蜂、宝清七星河、挠力河、八岔岛、珍宝岛湿地、东方红湿地	750 000
17	上海崇明东滩、江苏启东长江口北支	45 646
18	江苏洪泽湖	103 365
19	浙江—安徽清凉峰	18 611
20	福建—江西武夷山	72 534
21	山东长岛、庙岛群岛斑海豹	178 400
22	江西鄱阳湖	151 033
23	江西马头山、阳际峰	24 812

序号	保护区名称	总面积/hm²
24	江西井冈山、湖南炎陵桃源洞	41 003
25	河南伏牛山、宝天曼	61 437
26	湖北五峰后河、湖南壶瓶山	51 187
27	湖北七姊妹山、湖南八大公山	54 550
28	湖北神农架、重庆五里坡、阴条岭	150 000
29	湖南小溪、借母溪、高望界	50 774
30	湖南乌云界、安化红岩	42 778
31	湖南莽山、广东南岭	78 757
32	湖南永州都庞岭、广西千家洞	32 297
33	广西木论、贵州茂兰	28 969
34	广西金钟山黑颈长尾雉、王子山雉类	65 000
35	海南五指山、吊罗山	31 825
36	四川卧龙、蜂桶寨、小金四姑娘山、米亚罗、草坡、鞍子河、黑水河	750 521
37	四川唐家河、九寨沟、龙溪—虹口、王朗、白水河、雪宝顶、东阳沟、草坡、九顶山、勿角、千佛山、宝顶沟、小寨子沟、小河沟、黄龙寺、白河金丝猴、片口、白羊、甘肃白水江	980 000
38	四川下拥、云南白马雪山	305 333
39	四川美姑大风顶、马边大风顶	90 000
40	贵州赤水桫椤、赤水原生林、四川画稿溪、古蔺黄荆	101 649
41	陕西佛坪、周至、太白山、长青、天华山、桑园、老县城、佛坪观音山、牛尾河、留坝摩天岭、黄柏塬	281 177
42	甘肃太统-崆峒山、宁夏六盘山	44 919
43	甘肃小陇山、陕西屋梁山、宝峰山	75 107
44	甘肃安南坝野骆驼、敦煌西湖、敦煌阳关、新疆罗布泊	8 944 178
45	甘肃安西极旱荒漠、盐池湾	2 160 000
46	新疆甘家湖梭梭林、艾比湖湿地	321 752

4.5.1.1　北京百花山与河北小五台山自然保护区

（1）概况

图号：ZH001

现有面积：43 576 hm²

生态系统类型：温带森林生态系统

主要保护对象：森林生态系统及褐马鸡等珍稀动物

（2）现状

百花山自然保护区位于北京市门头沟区黄塔乡境内，属于太行山系中西山的一部分。保护区始建于1985年4月，2008年晋升为国家级自然保护区。小五台山自然保护区位于河北省蔚县和涿鹿县境内，于1983年经河北省人民政府批准建立，2002年晋升为国家级自然保护区。

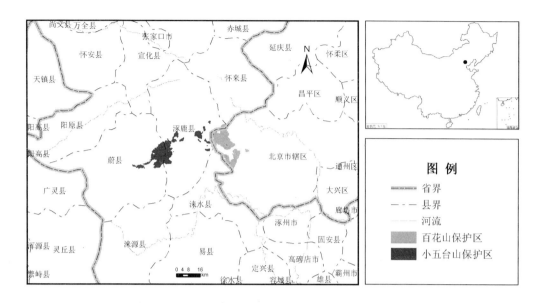

图 4-5 ZH001 北京百花山与河北小五台山自然保护区示意图

（3）建设理由

百花山和小五台山地处燕山、太行山、恒山三大山脉的交汇地带，两个保护区隔省界相接壤，应加强整合，或强化保护区规划和管理上的协调，尤其是小五台山区域应尽可能建立生态廊道，加强物种基因的交流，对整个自然生态系统进行统一管理。

该区域独特的地理区位优势和多样的生境，几乎包括了华北地区所有的天然林类型，有寒温性针叶林、温性针叶林、落叶阔叶林、落叶阔叶灌丛和草甸等多个植被类型，植被垂直分布带谱是华北山地的典型代表。本区生物资源也比较丰富，有国家重点保护的野生植物胡桃楸、野大豆等 5 种，国家重点保护野生动物有褐马鸡、金钱豹、金雕、大鸨等 20 种。该区域为众多野生动植物提供了适宜的栖息场所，尤其是褐马鸡的集中分布区，是开展科学研究和科普宣传教育活动的理想基地。

4.5.1.2 北京—河北雾灵山自然保护区

（1）概况

图号：ZH002

现有面积：18 399 hm^2

生态系统类型：温带森林生态系统

主要保护对象：温带森林生态系统和猕猴分布北限

（2）现状

河北雾灵山自然保护区位于河北省兴隆县北部，1983 年经河北省人民政府批准建立，1988 年晋升为国家级自然保护区，主要保护对象为温带森林生态系统和猕猴。北京雾灵山自然保护区位于密云县，2000 年建立省级自然保护区。

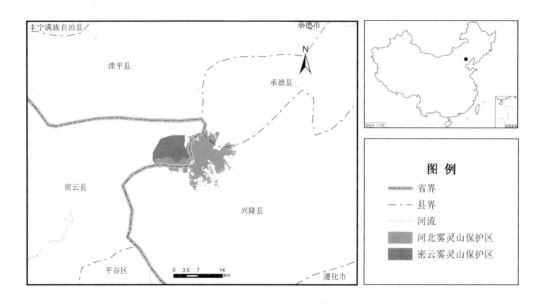

图 4-6   ZH002   北京—河北雾灵山自然保护区示意图

（3）建设理由

两个保护区隔省界相接壤，应加强整合，或强化保护区规划和管理上的协调，作为同一生态系统进行整体保护。本区地处燕山山脉，群峰耸峙，怪石壁立，形成了突出山地，一般海拔在 1 500 m 以上，最高的歪桃峰海拔 2 118 m。该区域是北京重要的水源地，植被主体属暖温带落叶阔叶林，属于我国"泛北极植物区中国—日本森林植物亚区"，是华北地区植物资源丰富的地区之一。森林植被随海拔高度发生变化，形成垂直带，具有华北植物区系的代表性，是研究森林植被变化的"天然实验室"。区内分布有高等植物 1 870 种，已被列入国家重点保护的植物有 10 种，野生动物资源也很丰富，共有鸟兽 161 种，其中国家 I 级重点保护动物 2 种，国家 II 级重点保护动物 12 种，是我国猕猴分布的北限，具有较高的科学研究价值和保护价值。

4.5.1.3   北京松山、河北大海陀自然保护区

（1）概况

图号：ZH003

现有面积：15 885 hm²

生态系统类型：温带森林生态系统

主要保护对象：暖温带山地森林生态系统

（2）现状

松山自然保护区位于北京市延庆县海陀山南麓，地理坐标为东经 115°30′～115°39′，北纬 40°32′～40°33′，1985 年北京市人民政府批准建立，1986 年晋升为国家级自然保护区。大海陀自然保护区位于河北省赤城县境内，于 1999 年经河北省人民政府批准建立，2003年晋升为国家级自然保护区。

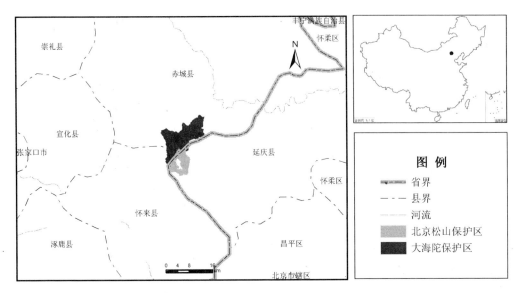

图 4-7　ZH003　北京松山、河北大海陀自然保护区示意图

（3）建设理由

松山和大海陀保护区隔省界相接壤，应加强整合，强化保护区规划和管理上的协调，作为同一生态系统进行整体保护。两个保护区地处燕山山脉的军都山，属于海陀山的一部分，以海陀山山脊分水岭为界。该区域地形复杂，构成了中山山地峡谷山体，最低海拔627 m。区内群山叠翠，古松千姿百态，山涧溪水淙淙，谷中山石嶙峋，主峰大海陀山海拔 2 241 m。区内保存着华北地区唯一的大片天然油松林，植物区系位于泛北极植物区、中国—日本森林植物亚区、华北平原山地亚地区，以温带分布类型占绝对优势。植被类型主要包括针叶林、阔叶林、针阔叶混交林、灌木丛及灌草丛、草甸，保存了较为丰富的野生动植物资源。根据初步调查统计，本区共有种子植物 700 多种，脊椎动物 180 多种，其中国家级重点保护野生动物有金钱豹、斑羚等。该区域靠近北京，生态环境优越，是北京市西北部的一道绿色天然生态屏障，也是白河流域的重要水源涵养林区，在涵养水源、调节气候、保持水土和维持区域生态平衡等方面发挥了积极的生态作用，具有非常重要的保护价值。

4.5.1.4　山西阳城莽河、历山、河南焦作太行山猕猴自然保护区

（1）概况

图号：ZH004

现有面积：100 000 hm²

生态系统类型：暖温带森林生态系统

主要保护对象：猕猴及暖温带森林生态系统

（2）现状

阳城莽河猕猴自然保护区位于山西省阳城县境内，面积 5 600 hm²。保护区于 1983 年经山西省人民政府批准建立，1998 年晋升为国家级自然保护区。

历山自然保护区位于山西省翼城、垣曲、阳城、沁水四县交界处，南临黄河谷地，北倚汾渭地堑，面积 24 800 hm²，1983 年经山西省人民政府批准建立，1988 年晋升为国家级

自然保护区。

焦作太行山猕猴自然保护区位于河南省济源市、沁阳市、修武县、辉县市境内，总面积 56 600 hm²，1998 年晋升为国家级自然保护区。

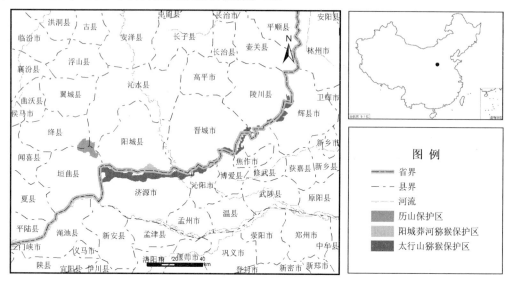

图 4-8　ZH004　山西阳城蟒河、历山、河南焦作太行山猕猴自然保护区示意图

（3）建设理由

这三个保护区隔省界相接壤或距离不超过 5 km，应加强整合，或强化保护区规划和管理上的协调，尽可能建立生态廊道，对整个自然生态系统进行统一管理。

本区地处太行山南段，地形呈东西走向，西高东低，区内山势陡峻，沟深崖高，生物资源丰富，区系成分复杂，具有明显的植被垂直带谱，为我国暖温带生物多样性优先保护的区域之一。初步调查统计，区内有维管束植物 1 800 多种，列入国家重点保护的植物有连香树、山白树、太行花、领春木等 14 种；脊椎动物近 300 种，其中列入国家重点保护的野生动物有豹、金雕、黑鹳、白鹳等 30 余种。本区是当今世界猕猴分布的最北限，其主要保护对象太行猕猴是猕猴的华北亚种，现有 20 余群 2 000 多只，是目前我国猕猴数量最多、面积最大的猕猴保护区，具有十分重要的保护价值。同时本区还是黄河支流蟒河的重要水源涵养地，对于涵养水源、保护生态环境以及促进当地社会经济发展都具有重要意义。

4.5.1.5　河南黄河湿地、陕西黄河湿地、山西运城湿地自然保护区

（1）概况

图号：ZH005

现有面积：212 209 hm²

生态系统类型：河流湿地生态系统

主要保护对象：河流湿地生态系统及珍稀水禽

（2）现状

河南黄河湿地自然保护区位于河南省三门峡、洛阳、焦作、济源 4 市境内，总面积 68 000 hm²。保护区由 1995 年建立的三门峡库区湿地、洛阳孟津水禽湿地和 1999 年建立

的洛阳吉利湿地三个省级自然保护区合并而成，2003 年晋升为国家级自然保护区。

陕西黄河湿地自然保护区位于陕西省渭南市境内，地理坐标为东经 110°17′～110°37′，北纬 34°36′～35°40′。保护区始建于 1996 年 2 月，由渭南市人民政府批准建立，2005 年经陕西省人民政府批准晋升为省级自然保护区，总面积为 57 348 hm²。

运城湿地自然保护区位于山西省南部，涉及运城市的河津、万荣、临猗、永济、芮城、平陆、夏县和垣曲 8 个县（市）的黄河湿地，地理坐标为东经 110°13′～112°03′，北纬 34°34′～35°39′。保护区是在 1993 年经山西省人民政府批准建立的原河津灰鹤越冬地自然保护区和运城天鹅越冬地自然保护区的基础上，合并扩大而成的，2001 年 4 月晋升为省级自然保护区，总面积为 86 861 hm²。

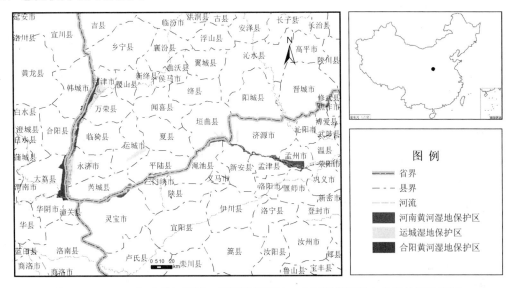

图 4-9　ZH005 河南黄河湿地、陕西黄河湿地、山西运城湿地自然保护区示意图

（3）建设理由

这三个保护区隔县界相接壤或距离不超过 5 km，应加强整合，强化保护区规划和管理上的协调，作为同一生态系统进行整体保护。

该区域地处黄河中游和下游的过渡地带，东西依黄河形态呈带状分布，主要位于河漫滩中。区内生态系统类型多样，具有河流、湖滩、洼地、湖泊、沼泽等多种湿地类型。保护区湿地资源丰富，沼泽遍布，滩涂广阔，构成了一个完整的湿地植被生态系统，主要包括森林沼泽、灌丛沼泽、草丛沼泽、浅水湿地植被以及盐沼等类型，主要群落有芦苇群落、碱蓬群落、柽柳群落等。已知维管束植物有 700 多种，国家重点保护植物有野大豆 1 种；野生脊椎动物有 340 多种，属于国家Ⅰ级重点保护的野生动物有黑鹳、白鹳、大鸨、丹顶鹤等 10 种，属于国家Ⅱ级重点保护的野生动物有大天鹅、灰鹤、水獭、大鲵等 30 多种，尤其是大天鹅种群数量较多，每年在三门峡库区越冬的大天鹅数量达数千只。该区域是内陆候鸟迁徙通道上的重要驿站，是我国中西部国家保护候鸟的主要栖息地之一，也是我国迄今发现的丹顶鹤栖息地的最西缘和黑鹳、大鸨的集中分布区，鸟类资源非常丰富，是黄河中游地区天然的物种基因库，也是开展湿地生态系统监测、野生动植物资源、候鸟迁徙规律等方面研究的理想基地，而且对黄河安全、水资源的保护也有比较重要的意义，具有较高的保护价值。

4.5.1.6 内蒙古赛罕乌拉、古日格斯台、大冷山、高格斯台罕乌拉、特金罕山、乌兰坝—石棚沟自然保护区

（1）概况

图号：ZH006

现有面积：521 644 hm²

生态系统类型：森林、草原生态系统

主要保护对象：森林、草原、湿地生态系统及珍稀动植物

（2）现状

赛罕乌拉自然保护区位于内蒙古自治区巴林右旗境内，总面积 100 400 hm²。保护区于 1997 年经巴林右旗人民政府批准建立，1998 年晋升为自治区级自然保护区，2000 年晋升为国家级自然保护区，2001 年加入联合国教科文组织"人与生物圈"保护区网。

古日格斯台自然保护区位于内蒙古自治区西乌珠穆沁旗东南部，地理坐标为东经 118°04′~119°15′，北纬 44°10′~44°59′。保护区始建于 1998 年，2001 年晋升为省级自然保护区，总面积为 544 600 hm²。

大冷山自然保护区位于内蒙古自治区赤峰市林西县北部，西面与克什克腾旗黄岗梁森林公园为界。保护区始建于 1996 年，2000 年晋升市级自然保护区，总面积为 10 980 hm²。

高格斯台罕乌拉自然保护区地处大兴安岭南麓，位于内蒙古自治区赤峰市阿鲁科尔沁旗北部的罕山林场境内，1997 年建立县级自然保护区，2001 年晋升省级自然保护区，总面积 100 000 hm²。

特金罕山自然保护区位于锡林郭勒草原和科尔沁草原之间的大兴安岭隆起带上，通辽市扎鲁特旗境内，1996 年成立县级自然保护区，2000 年晋升为省级自然保护区，总面积 91 333 hm²。

乌兰坝—石棚沟自然保护区位于巴林左旗北部，1997 年建立省级自然保护区，总面积 120 000 hm²。

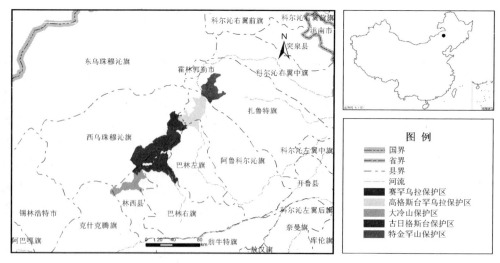

图 4-10　ZH006　内蒙古赛罕乌拉、古日格斯台、大冷山、高格斯台罕乌拉、特金罕山、

乌兰坝—石棚沟自然保护区示意图

（3）建设理由

这六个保护区隔县界相接壤或距离不超过5 km，应加强整合，或强化保护区规划和管理上的协调，作为同一生态系统进行整体保护。

本区地处大兴安岭山脉的阿尔山支脉，地貌类型属中山山地。区内自然景观复杂，以森林为主，集森林、草原、湿地等多种景观为一体。由于保护区位于草原向森林、东亚阔叶林向岭北泰加林的双重过渡地带，具有森林、草原、沙地、湿地等复合、镶嵌的景观类型，生物多样性比较丰富，有以落叶松林、獐子松林、蒙古云杉林、蒙古栎林为主的森林生态系统，以大针茅、羊草、羊茅等为优势种的草原生态系统，以山荆子、榛子、胡枝子等为优势种的灌丛生态系统，构成了山地生态系统向草原生态系统过渡的空间序列，具有很强的典型性、代表性和特有性，为大兴安岭南部山地的最典型地带。据初步调查，区内有野生维管束植物800多种，哺乳动物50多种，鸟类180多种，列为国家重点保护的野生动物有大鸨、大天鹅、鸳鸯、黑琴鸡、蓑羽鹤、马鹿、猞猁、斑羚等，其中马鹿、斑羚的种群数量较大，具有非常重要的保护价值和研究价值。另外，由于本区地处草原与森林过渡地带，生态系统脆弱敏感，一旦破坏，恢复难度较大。该区域位于西辽河一级支流西拉沐沦河上游，是西辽河的重要水源涵养地之一，在我国植物地理分布中具有特殊的地位，保护区内复杂多样的生境类型为大量珍稀濒危物种提供了栖息和繁衍场所，是研究野生动植物及其生境自然进化和气候变化规律的重要地点之一，也是构筑京津生态北防线的重要基地之一，具有重要的保护价值。

4.5.1.7　内蒙古锡林郭勒草原、白音敖包、黄岗梁、达里诺尔自然保护区

（1）概况

图号：ZH007

现有面积：751 582 hm^2

生态系统类型：草甸草原、森林及湿地生态系统

主要保护对象：草甸草原、沙地疏林、湿地生态系统及鸟类等珍稀动物

（2）现状

锡林郭勒草原自然保护区位于内蒙古自治区锡林浩特市境内，面积580 000 hm^2，1985年经内蒙古自治区人民政府批准建立，1987年加入联合国教科文组织"人与生物圈"保护区网，1997年晋升为国家级自然保护区。

白音敖包自然保护区位于内蒙古自治区克什克腾旗境内，总面积13 862 hm^2。保护区于1979年建立，2000年晋升为国家级自然保护区。

黄岗梁自然保护区位于内蒙古自治区赤峰市克什克腾旗北部，始建于1996年，2004年晋升为省级自然保护区，总面积38 307 hm^2。

达里诺尔自然保护区位于内蒙古自治区克什克腾旗境内，面积119 413 hm^2，1987年建立，1994年晋升为省级自然保护区，1997年被批准为国家级自然保护区。

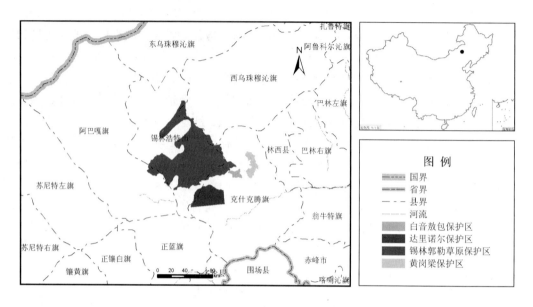

图 4-11　ZH007　内蒙古锡林郭勒草原、白音敖包、黄岗梁、达里诺尔自然保护区示意图

（3）建设理由

该区域具有我国境内最有代表性的丛生禾草——根茎禾草（针茅、羊草）温性真草原，也是欧亚大陆草原区亚洲东部草原亚区保存比较完整的原生草原部分，有种子植物 600 多种。区内分布的野生动物反映了蒙古高原区系特点，哺乳动物有黄羊、狼、狐等 30 多种，鸟类有 100 多种，其中国家 I 级重点保护野生动物有丹顶鹤、白鹤、黑鹳、大鸨、玉带海雕等，国家 II 级保护野生动物有大天鹅、白枕鹤、灰鹤、草原雕、黄羊等 20 多种。本区是目前我国最大的草原与草甸生态系统类型的自然保护区，在草原生物多样性的保护方面占有重要的空间位置和国际影响。

区内集湖泊、湿地、草原、沙地、残丘山地等多种生态系统为一体，由北向南形成了玄武岩台地—湖积平原—湖盆低地—风成沙地依次排列的景观格局，众多的湖泊、河流、沼泽及湿草甸等构成了多样的湿地生态系统，被列为亚洲重要湿地。此外，分布有大面积的天然沙地云杉林，被学术界称为"在内蒙古高原草原区残存的唯一的一个暗针叶林天然生物基因库"。

这四个保护区隔县界相接壤或距离不超过 5 km，应加强协调管理，尽可能为动物建立生态廊道，对整个自然生态系统进行统一管理。且该区域与内蒙古赛罕乌拉、大冷山、古日格斯台、特金罕山、高格斯台罕乌拉、乌兰坝—石棚沟自然保护区相邻，中间有黄岗梁森林公园，已纳入国家生态公益林，可以形成一个大的自然保护区群。

4.5.1.8　内蒙古西鄂尔多斯、内蒙古—宁夏贺兰山自然保护区

（1）概况

图号：ZH008

现有面积：748 664 hm^2

生态系统类型：荒漠生态系统及山地森林生态系统

主要保护对象：荒漠生态系统、干旱半干旱区的山地森林生态系统及濒危植物。

（2）现状

西鄂尔多斯自然保护区位于内蒙古自治区鄂托克旗西部和乌海市境内，面积 474 688 hm²，1995 年建立，1997 年晋升为国家级自然保护区。

内蒙古贺兰山自然保护区位于内蒙古自治区阿拉善左旗境内，面积 67 710 hm²，1992 年建立省级自然保护区，同年晋升为国家级自然保护区。

宁夏贺兰山自然保护区位于宁夏回族自治区银川平原西北部，跨石嘴山、平罗、贺兰、银川、永宁等市县，面积 206 266 万 hm²，1982 年建立，1988 年晋升为国家级自然保护区。

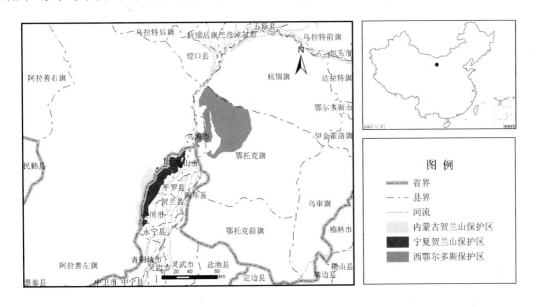

图 4-12　ZH008　内蒙古西鄂尔多斯、内蒙古—宁夏贺兰山自然保护区示意图

（3）建设理由

这三个保护区隔省界相接壤或距离不超过 5 km，应加强整合，或强化保护区规划和管理上的协调，对整个自然生态系统进行统一管理。本区地处贺兰山的中段东西两侧，内蒙古—宁夏贺兰山两保护区以山脊为界，为草原向荒漠的过渡地带。区内自然环境复杂多样，生物多样性比较丰富，植被垂直分布明显，是我国中温带半干旱—干旱地区山地生态系统的典型代表，植物区系位于泛北极植物区，欧亚草原植物亚区，蒙古草原地区东蒙古亚地区。根据初步调查统计，高等植物有 655 种，其中国家保护植物有沙冬青、四合木、半日花、羽叶丁香等 10 多种；脊椎动物有 170 多种，其中国家重点保护动物有马鹿、林麝、蓝马鸡等。特别是四合木和半日花仅分布于该区域的小面积范围之内，具有极高的保护和科学研究价值。该区域对涵养水源、调节气候、保持水土，研究半干旱地区植被发展、演替及恢复生态系统的良性循环具有重要意义。

4.5.1.9　内蒙古科尔沁、吉林向海自然保护区

（1）概况

图号：ZH009

现有面积：232 454 hm^2

生态系统类型：湿地、草原生态系统

主要保护对象：白鹳、大鸨等珍禽及湿地、草原自然景观

（2）现状

科尔沁自然保护区位于内蒙古自治区兴安盟科尔沁右翼中旗境内，地理坐标为东经121°41′~122°14′，北纬44°51′~45°17′，面积126 987 hm^2，1985年建立，1994年晋升为自治区级自然保护区，1995年晋升为国家级自然保护区。

向海自然保护区位于吉林省通榆县境内，地理坐标为东经122°05′~122°31′，北纬44°55′~45°09′，面积105 467 hm^2，1981年建立，1986年晋升为国家级自然保护区。1992年被列入《国际重要湿地名录》，同年被世界野生生物基金会评定为"具有国际意义的A级自然保护区"。

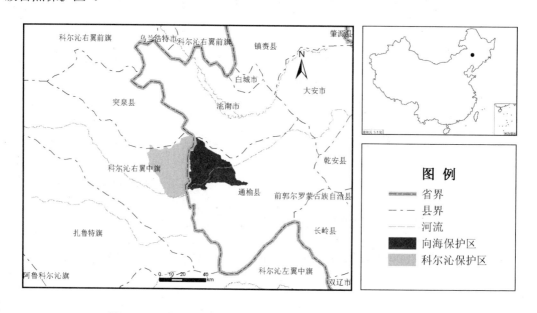

图4-13 ZH009 内蒙古科尔沁、吉林向海自然保护区示意图

（3）建设理由

这两个保护区隔省界相接壤，应加强整合，或强化保护区规划和管理上的协调，对整个自然生态系统进行统一管理。本区地处大兴安岭南麓低山丘陵与科尔沁沙地的过渡带上，区内地形复杂，生境多样，沙丘、草原、沼泽、湖泊相间分布，构成典型的湿地多样性景观。根据初步调查统计，区内共有野生植物近600种，脊椎动物300多种。国家Ⅰ级重点保护动物有大鸨、东方白鹳、黑鹳、虎头海雕等10多种，国家Ⅱ级重点保护动物有40多种。而且为丹顶鹤、白枕鹤、蓑羽鹤、白鹳、大鸨等珍禽提供了优越的栖息地和繁殖地，具有非常重要的保护价值。

4.5.1.10 内蒙古大青沟、辽宁章古台自然保护区

（1）概况

图号：ZH010

现有面积：27 807 hm^2

生态系统类型：森林、草原生态系统

主要保护对象：沙地残遗森林和草原植被

（2）现状

大青沟自然保护区位于内蒙古自治区科尔沁左翼后旗境内，面积 8 183 hm^2，1980 年建立，1988 年晋升为国家级自然保护区。

章古台自然保护区位于辽宁省彰武县北部沙荒区，是内蒙古科尔沁沙地的南缘，地理坐标为东经 122°13′～122°37′，北纬 42°38′～42°51′。1986 年成立县级自然保护区，2003 年晋升为省级自然保护区，总面积为 19 624 hm^2。

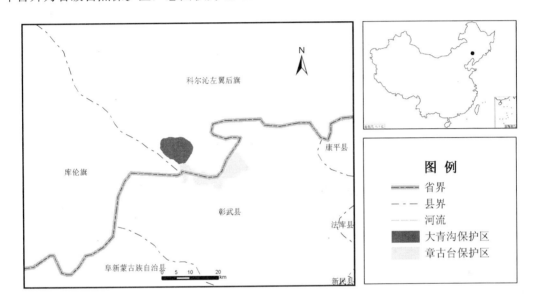

图 4-14　ZH010　内蒙古大青沟、辽宁章古台自然保护区示意图

（3）建设理由

这两个保护区隔省界相接壤，应加强整合，或强化保护区规划和管理上的协调，作为同一生态系统进行整体保护。

该区域地处科尔沁沙地南缘与松辽平原的过渡带，地势平坦，大青沟宽 200 多 m，深 50 多 m，全长约 24 km，沟外是连绵百里的半固定和流动沙丘，植被稀少，沟里古木参天，植被繁茂。沟外夏季干热少雨，风沙滚滚，而沟内却泉水淙淙，凉爽宜人。保护区独特的地理位置和自然条件孕育了丰富的生物多样性，沟内保存着珍贵的针阔叶树种混交林，沟上为沙丘草原和疏林地，与周围浩瀚无垠的沙坨景观形成了极为鲜明的对比。保护区植物区系组成比较复杂，根据初步调查统计，全区共有高等植物 760 多种，主要树种有水曲柳、黄菠萝、黄榆、胡桃楸、椿树等，其中水曲柳、胡桃楸、天麻等为国家重点保护植物。良好的植被为众多野生动物提供了优越的栖息和繁衍场所，区内野生动物主要有狐、花鼠、水獭、狼和野兔等。保护区特殊的地理位置和茂密的森林植被，被誉为"八百里旱海"中的一颗明珠。同时，该区域作为科尔沁沙地中保护下来的一片残遗森林植物群落，对于研究我国北方古植物，改造干旱地区面貌有着重要的意义。

4.5.1.11 内蒙古汗马、黑龙江呼中自然保护区

（1）概况

图号：ZH011

现有面积：274 561 hm^2

生态系统类型：寒温带针叶林森林生态系统

主要保护对象：寒温带针叶林及珍稀动植物

（2）现状

汗马自然保护区位于内蒙古自治区呼伦贝尔盟根河市，面积 107 348 hm^2，1995 年建立，1996 年晋升为国家级自然保护区。

呼中自然保护区位于黑龙江省呼玛县境内，面积 167 213 万 hm^2，1984 年建立，1986 年晋升为国家级自然保护区。

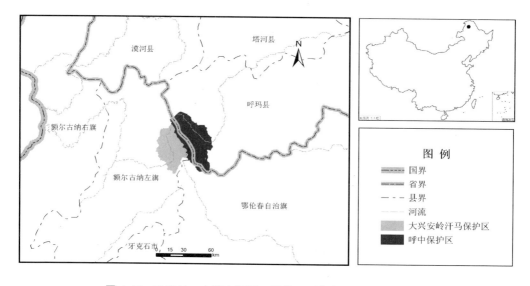

图 4-15　ZH011　内蒙古汗马、黑龙江呼中自然保护区示意图

（3）建设理由

本区地处大兴安岭山脉北部的东西坡，属寒温带大陆气候。大兴安岭水系均源于区内或附近呼玛河上游，保护区水资源发达。保护区位于欧亚大陆多年冻土的南缘，植被为寒温带针叶林，是我国唯一保存较完整的寒温带针叶林区，主要树种为兴安落叶松和樟子松。区内山地植被垂直带谱比较明显，森林仍保持着原始状态，为典型的寒温带苔原山地明亮针叶林，并发育有高纬度的多年冻土和沼泽植物群落。区内生物资源比较丰富，区内保存了以大兴安岭的乡土树种——兴安落叶松为主要建群种的 330 多种植物，其中岩高兰、兴安落叶松、钻天柳等被列为国家重点保护珍稀濒危植物；已发现的陆栖脊椎动物有 130 多种，其中国家一、二级保护动物有紫貂、貂熊、猞猁、驼鹿、花尾榛鸡、细嘴松鸡等 20 多种，还分布有一些特有的冷水鱼类。

这两个保护区隔省界毗邻，两者合为一体，构成了一个完整的大兴安岭原始林生态系统，应加强整合，或强化保护区规划和管理上的协调。这对于保持大兴安岭原始森林生态

系统的完整性，研究自然生态系统的演替，保护高纬度带多年冻土和各种沼泽地植被群落均有着非常重要的意义。

4.5.1.12　辽宁双台河口、凌河口湿地自然保护区

（1）概况

图号：ZH012

现有面积：163 556 hm^2

生态系统类型：湿地生态系统

主要保护对象：珍稀迁徙水禽和湿地生态系统

（2）现状

双台河口自然保护区位于辽宁省盘锦市境内，面积 8 万 hm^2，1987 年建立，1988 年晋升为国家级自然保护区，2005 年被列入《国际重要湿地名录》。

凌河口自然保护区位于辽宁省锦州市凌海市南部沿海地带，东起大凌河河口背河，西至小凌河河口钓鱼台礁，海岸线长 83.7 km，地理坐标为东经 121°07′～121°40′，北纬 40°42′～40°59′。保护区建立于 2005 年，总面积为 83 556 hm^2。

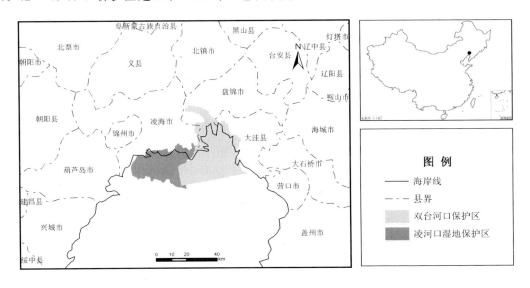

图 4-16　ZH012　辽宁双台河口、凌河口湿地自然保护区示意图

（3）建设理由

这两个保护区隔县界相接壤，隔大凌河相接，应加强整合，或强化保护区规划和管理上的协调，作为同一自然生态系统进行整体保护。

该区域地处渤海辽东湾北海岸，辽东湾辽河入海口处，是辽河、浑河、太河、饶阳河和大凌河五条河流下游的沉积平原，是由淡水河携带大量营养物质的沉积并与海水互相浸淹混合而形成的适宜多种生物繁衍的河口湾湿地。

保护区植被类型属于华北植物区系，主要包括沼泽和水生植被、低山丘陵植被、平原草甸植被等。据不完全统计，保护区共有植物 40 科 230 多种，具有较明显的旱、湿、水生分布类型，代表种有刺槐、小叶杨、榆、柽柳、紫穗槐、芦苇、碱蓬、羊草、眼子菜等。

保护区动物地理区划属于古北界—东北亚界—松辽平原亚区，根据调查，保护区共有野生动物 790 多种，其中兽类 10 科 20 多种，鸟类 47 科 250 多种，鱼类 57 科 120 多种。该区域是辽宁省沿海泥岸的最西分布，拥有大面积的浅海滩涂、芦苇和沼泽湿地，吸引了大量的湿地鸟类来此栖息、繁衍，其中包括丹顶鹤、白鹤、黑嘴鸥等濒临灭绝的珍禽，是东北亚国际鸟类迁徙的重要通道，对于拯救珍稀濒危物种，恢复动植物群落，开展河口湿地科学研究和科普教育具有重要的意义。

4.5.1.13 黑龙江红星湿地、大沽河湿地、翠北湿地、友好湿地自然保护区

（1）概况

图号：ZH013

现有面积：420 000 hm²

生态系统类型：湿地生态系统

主要保护对象：森林湿地生态系统和野生动植物

（2）现状

红星湿地自然保护区位于黑龙江省伊春市红星区境内，地理坐标为东经 128°21′40″～128°53′30″，北纬 48°41′20″～49°11′00″，总面积 111 995 hm²。2004 年建立省级自然保护区，2008 年晋升为国家级自然保护区。

大沽河湿地自然保护区位于黑龙江省沽河林业局境内，地理坐标为东经 127°57′～128°27′，北纬 48°01′～48°46′。保护区始建于 2006 年，由黑龙江省人民政府批准建立，2009 年晋升为国家级自然保护区，总面积为 211 618 hm²。

翠北湿地自然保护区位于黑龙江省伊春市五营区境内，东西长约 33 km，南北宽约 17 km，地理坐标为东经 128°27′～128°50′，北纬 48°22′～48°30′。保护区始建于 2001 年，由黑龙江省人民政府批准建立，总面积 31 638 hm²。

友好湿地自然保护区位于伊春市友好区境内，2005 年建立省级自然保护区，总面积 60 687 hm²。

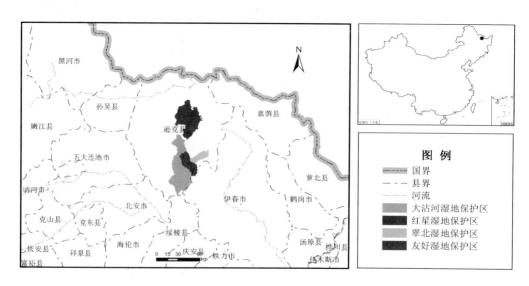

图 4-17　ZH013　黑龙江红星湿地、大沽河湿地、翠北湿地、友好湿地自然保护区示意图

（3）建设理由

这四个保护区隔县界相接壤或距离不超过 5 km，应加强整合，或强化保护区规划和管理上的协调，作为同一生态系统进行整体保护。

该区域地处小兴安岭腹地北坡，是我国小兴安岭林区保持非常完整的一块森林湿地，地质构造属于新华夏系第二隆起带张广才岭隆起带西部边缘，以低山、丘陵、河漫滩和阶地为主。植物区系属泛北极植物区，植被类型多样，地带性植被为红松针阔叶混交林。沼泽湿地植物种类丰富，包括森林沼泽、灌丛沼泽、草丛沼泽、藓类沼泽、浮毯型沼泽、草塘和草甸沼泽等。根据初步调查，区内共有维管束植物 900 多种，珍稀濒危植物有红松、野大豆、浮叶慈姑、貉藻、水曲柳等 10 多种。区内脊椎动物共有 340 多种，国家重点保护动物有紫貂、黑熊、原麝、水獭、白鹳、中华秋沙鸭等 40 多种。区内地势平坦，大小泡沼星罗棋布，发育了类型多样的隐域性湿地植被类型，是我国北方山地林区典型森林、森林沼泽和湖泡、沼泽生态系统的复合体，为众多野生动植物提供了优越的栖息、繁衍场所，成为珍稀濒危物种的避难所和资源库，具有重要的科研价值和保护价值。

4.5.1.14 黑龙江穆棱东北红豆杉、六峰湖自然保护区

（1）概况

图号：ZH014

现有面积：41 838 hm²

生态系统类型：温带针叶阔叶混交林、湿地生态系统

主要保护对象：东北红豆杉等珍稀动植物及森林、湿地生态系统

（2）现状

穆棱东北红豆杉自然保护区位于黑龙江省穆棱市境内，地理坐标为东经 130°00′～130°28′，北纬 43°49′～44°06′。保护区始建于 2006 年，2009 年晋升为国家级自然保护区，总面积为 35 648 hm²。

穆棱六峰湖自然保护区位于穆棱市境内，地理坐标为东经 130°05′～130°13′，北纬 43°54′～44°05′。保护区始建于 1992 年，总面积 6 190 hm²。

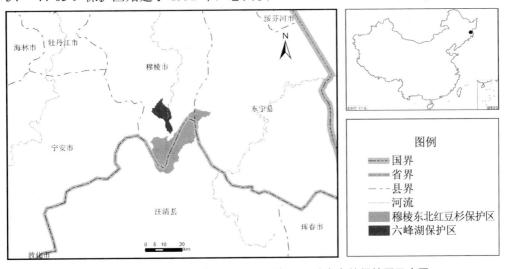

图 4-18 ZH014 黑龙江穆棱东北红豆杉、六峰湖自然保护区示意图

（3）建设理由

这两个保护区位于同一市境内，且距离不超过 5 km，应加强整合，或强化保护区规划和管理上的协调，对整个自然生态系统进行统一管理。

该区域地处长白山支脉老爷岭，山势较低，海拔高度在 500～900 m。保护区境内河流主要为穆棱河，是乌苏里江的最大支流，水质优良。保护区植被属于温带针阔叶混交林区，物种资源较为丰富。根据调查统计，全区共有野生植物 113 科 373 属 839 种，其中蕨类植物 18 科 28 属 51 种，裸子植物 2 科 5 属 9 种，被子植物 93 科 340 属 779 种，国家重点保护植物有东北红豆杉、红松、水曲柳、黄檗等。区内野生动物资源也很丰富，脊椎动物 240 多种，其中鱼类共有 6 目 9 科 30 多种，鸟类 140 多种，兽类 6 目 14 科 40 多种。国家重点保护动物主要有大天鹅、鸳鸯、灰鹤、水獭、黑熊、马鹿、细嘴松鸡等，保护区自然环境条件优越，就地保护了大面积的以红松为主的温带针阔叶混交林，为东北红豆杉提供了良好的生境，也是穆棱河的重要水源地，具有重要的科学研究价值和生态保护价值。

4.5.1.15 黑龙江凉水、碧水中华秋沙鸭自然保护区

（1）概况

图号：ZH015

现有面积：20 000 hm²

生态系统类型：红松针阔叶混交林生态系统

主要保护对象：针阔叶混交林生态系统及中华秋沙鸭等珍稀动植物

（2）现状

凉水自然保护区位于黑龙江省伊春市带岭区，面积 12 133 hm²，1980 年经原林业部批准建立，1997 年晋升为国家级自然保护区。

碧水中华秋沙鸭自然保护区位于黑龙江省伊春市带岭区境内，地理坐标为东经 128°50′～128°58′，北纬 47°04′～47°08′。保护区始建于 1997 年，由黑龙江省人民政府批准建立，总面积 2 535 hm²。

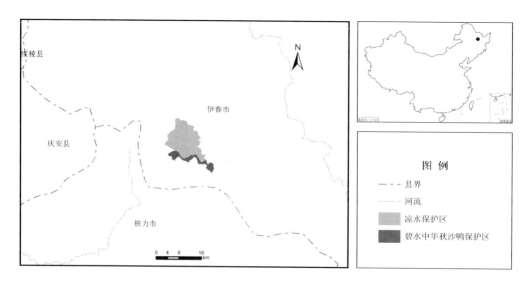

图 4-19 ZH015 黑龙江凉水、碧水中华秋沙鸭自然保护区示意图

（3）建设理由

这两个保护区在同一行政区内相接壤，应加强整合，或强化保护区规划和管理上的协调，作为同一生态系统进行整体保护。

本区地处小兴安岭南坡达里带岭支脉，地貌以低山丘陵为主。区内自然资源丰富、植被群落类型复杂多样，植物区系属于泛北极植物区，中国—日本森林植物亚区小兴安岭南部区，分布有大片较原始的红松针阔叶混交林，是我国目前保存下来最为典型和完整的原生红松针阔叶混交林分布区之一。复杂的生境条件为野生动植物的生存和繁衍创造了十分有利的条件。根据初步调查，野生植物有 500 多种，属于国家重点保护野生植物的有水曲柳、黄檗、胡桃楸、钻天柳等。野生动物有昆虫 491 种、鱼类 10 种、爬行类 7 种、两栖类 5 种、鸟类 250 种、兽类 44 种，属于国家Ⅰ级保护动物的有紫貂、中华秋沙鸭、金雕、白鹳、白头鹤等 8 种，国家Ⅱ级保护动物的有棕熊、黑熊、马鹿、鸳鸯、花尾榛鸡等 50 多种。经过多年的建设和管理，该区域已成为保护和研究我国红松针阔叶混交林生态系统及其生物多样性的天然基地，为国家Ⅰ级重点保护动物、第三纪冰川期孑遗物种——中华秋沙鸭提供了理想的营巢、栖息和繁衍场所，是我国中华秋沙鸭分布的中心地带，具有重要的科学研究和保护价值。

4.5.1.16　黑龙江洪河、三江、宝清七星河、挠力河、饶河东北黑蜂、八岔岛、珍宝岛湿地、东方红湿地自然保护区

（1）概况

图号：ZH016

现有面积：750 000 hm^2

生态系统类型：沼泽湿地生态系统

主要保护对象：沼泽湿地生态系统及东北黑蜂等珍稀动植物

（2）现状

洪河自然保护区位于黑龙江省同江市与抚远县交界处，面积 21 836 hm^2，1984 年经黑龙江省人民政府批准建立，1996 年晋升为国家级自然保护区。

三江自然保护区位于黑龙江省抚远县和同江市境内，总面积 198 100 hm^2。保护区于 1994 年经黑龙江省人民政府批准建立，2000 年晋升为国家级自然保护区，2002 年被列入《国际重要湿地名录》。

宝清七星河自然保护区位于黑龙江省宝清县境内，总面积 20 000 hm^2。保护区于 1991 年经宝清县政府批准建立，1996 年经双鸭山市政府批准晋升为市级自然保护区，1998 年晋升为省级自然保护区，2000 年晋升为国家级自然保护区。

挠力河自然保护区位于黑龙江省宝清、富锦、饶河、抚远等市、县境内，总面积 160 595 hm^2。保护区由原长林岛、雁窝岛、挠力河 3 个省级自然保护区和七里沁县级自然保护区合并而成，2002 年晋升为国家级自然保护区。

饶河东北黑蜂自然保护区位于黑龙江省饶河县境内，面积 270 000 hm^2，1980 年经黑龙江省人民政府批准建立，1997 年晋升为国家级自然保护区。

八岔岛自然保护区位于黑龙江省同江市境内，总面积 32 014 hm^2。保护区于 1999 年由同江市人民政府批准建立，2001 年晋升为省级自然保护区，2003 年晋升为国家级自然保护区。

珍宝岛湿地自然保护区位于黑龙江省虎林市境内，地理坐标为东经133°28′～133°47′，北纬45°52′～46°17′，总面积44 364 hm²。保护区于2002年经黑龙江省人民政府批准建立，2008年晋升为国家级自然保护区。

东方红湿地自然保护区位于黑龙江省虎林市东方红镇境内，地理坐标为东经133°34′～133°56′，北纬46°12′～46°28′。保护区始建于2001年，2009年晋升为国家级自然保护区，总面积46 618 hm²。

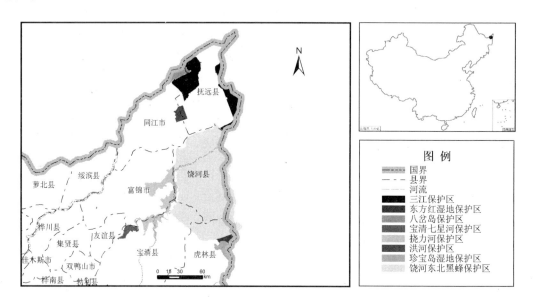

图4-20　ZH016　黑龙江洪河、三江、宝清七星河、挠力河、饶河东北黑蜂、八岔岛、
珍宝岛湿地、东方红湿地自然保护区示意图

（3）建设理由

这八个保护区隔省界相接壤，应加强整合，或强化保护区规划和管理上的协调，作为同一生态系统进行整体保护。

本区地处三江平原腹地及黑龙江与乌苏里江汇流的三角地带，属低冲积平原沼泽湿地，是三江平原东端受人为干扰最小的湿地生态系统的典型代表，也是全球少见的淡水沼泽湿地之一。区内泡沼遍布，河流纵横，自然植被以沼泽化草甸为主，并间有岛状森林分布，均保持着原始自然状态。区内特殊的自然环境，良好的植被和水文条件为各种野生动物提供了栖息和繁衍的场所。据初步调查，共有脊椎动物300多种，列为国家Ⅰ级保护的野生动物有白鹤、丹顶鹤、白尾海雕等9种，列为国家Ⅱ级保护的野生动物有大天鹅、白枕鹤、水獭、猞猁等30多种。区内野生植物资源也比较丰富，有高等植物1 000多种，其中野大豆、黄檗、水曲柳被列为国家Ⅱ级保护野生植物。本区是丹顶鹤、白枕鹤等众多国际鸟类的重要繁殖地和徙停歇地，是东北黑蜂发源地，对于保护湿地生物多样性及珍稀物种具有极为重要的意义，并为东北地区的气候调节、水源涵养、洪涝灾害控制及工农业生产和人民生活安全提供了重要保障。八岔岛水域及沿江江段还是我国北方冷水性鱼类的主要分布区之一，史氏鲟、达氏鲟、哲罗鱼、细鳞鱼、大马哈鱼等珍稀鱼类均有分布，且种群密度较大。同时，本区与俄罗斯的四个保护区相邻，在国际合作方面也具有十分重要的意义。

4.5.1.17 上海崇明东滩、长江口中华鲟、江苏启东长江口北支自然保护区

（1）概况

图号：ZH017

现有面积：73 246 hm²

生态系统类型：湿地生态系统

主要保护对象：湿地生态系统及珍稀鸟类

（2）现状

崇明东滩鸟类自然保护区位于上海崇明岛的最东端，总面积 24 155 hm²，1998 年建立，2005 年晋升为国家级自然保护区。

长江口中华鲟自然保护区位于上海崇明岛东端入海口处，总面积 27 600 hm²，2002 年建立。

长江口北支湿地自然保护区位于江苏省启东市境内的长江口河段，从江阴的鹅鼻嘴开始，经海门、启动至寅阳乡的园陀角，崇明岛把长江口分成南北两支，其中北支长约 74 km，宽 2～12 km，全河段呈 S 形，喇叭状向东南方展开，与南支汇合入海。保护区始建于 1985 年，由江苏省人民政府批准建立，总面积为 21 491 hm²。

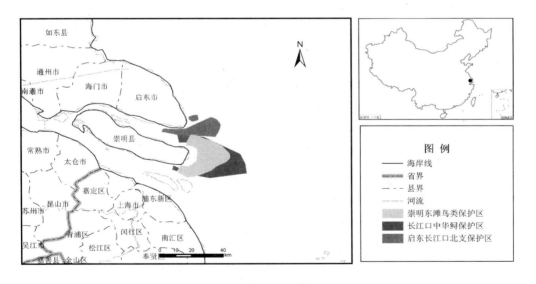

图 4-21 ZH017 上海崇明东滩、长江口中华鲟、江苏启东长江口北支自然保护区示意图

（3）建设理由

这三个保护区隔省界相接壤，应加强整合，或强化保护区规划和管理上的协调，作为同一生态系统进行整体保护。

该区域地处上海市崇明岛东端和长江入海口，是长江口规模最大、发育最完善的河口型潮汐滩涂湿地，地理位置独特，滩涂辽阔。植被以水生植被、湿生植被和盐土植被为主，浮游植物 200 多种，成为多种经济鱼类的索饵场、产卵场、育幼场和越冬场，丰富的资源为鸟类，特别是珍稀候鸟提供了越冬栖息的场所。

该区域是亚太地区候鸟迁徙路线上的重要驿站和水禽的重要越冬地,有鸟类 260 多种，

其中有白鹳、白头鹤2种国家 I 级保护动物，灰鹤、白枕鹤等国家 II 级保护动物30多种，列入《中日保护候鸟及其栖息环境的协定》的鸟类有156种，列入《中澳保护候鸟及其栖息环境的协定》的鸟类有54种，鱼类70多种，国家重点保护野生动物主要有江豚、白鲟、中华鲟等。该区域是全球重要生态敏感区，并于2002年被指定为国际重要湿地，对于保护全球候鸟迁徙路线的完整性，保护鱼类产卵、索饵、洄游场所，调节邻近区域的气候，净化长江口水质并提供水资源，开展河口演变、珍稀鸟类的科学研究等方面发挥了重大作用。

4.5.1.18　江苏洪泽湖自然保护区

（1）概况

图号：ZH018

现有面积：103 365 hm²

生态系统类型：湖泊湿地生态系统

主要保护对象：湖泊湿地生态系统及珍稀动物

（2）现状

泗洪洪泽湖湿地自然保护区位于江苏省泗洪县境内，总面积49 365 hm²。由1985年7月批准成立的城头林场鸟类自然保护区和1999年5月成立的杨毛嘴湿地省级自然保护区合并而成，2006年晋升为国家级自然保护区。

洪泽湖东部湿地自然保护区位于江苏省淮安市洪泽县和盱眙县境内，2004年由江苏省人民政府批准建立，总面积为54 000 hm²。

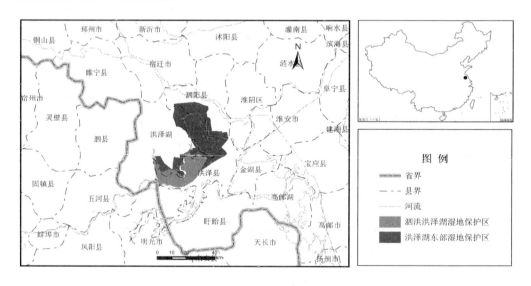

图 4-22　ZH018　江苏洪泽湖自然保护区示意图

（3）建设理由

这两个保护区隔县界相接壤，应加强整合，或强化保护区规划和管理上的协调，作为同一生态系统进行整体保护。

洪泽湖是我国第四大淡水湖泊，西纳淮河，南注长江，东通黄海，湖盆呈浅碟形，湖底十分平坦，高度一般在10～11 m，总趋势为西高东低。该区域地处洪泽湖西北部，区内水生、湿生植被类型十分丰富，共有 12 个群丛，已查明的维管束植物有 69 科 162 属 210 多种，国家Ⅱ级重点保护野生植物有野菱、野莲和野大豆 3 种。保护区动物资源也很丰富，有鸟类 140 多种，哺乳动物 5 目 6 科 15 种，鱼类 7 目 11 科 52 种，其中国家Ⅰ级重点保护动物有白鹳、黑鹳、大鸨等，国家Ⅱ级重点保护动物有水獭、小天鹅、鸳鸯、红隼、游隼、苍鹰等 13 种。

区内湿地生态系统结构复杂，物种和遗传多样性丰富，是多种候鸟南北迁徙的密集交会区，同时，该保护区也是南水北调东线工程中重要的蓄水区，也是湖区和淮河下游居民的主要饮用水和生活用水来源，具有重要的保护价值。

4.5.1.19　浙江—安徽清凉峰自然保护区

（1）概况

图号：ZH019

现有面积：18 611 hm²

生态系统类型：中亚热带常绿阔叶林生态系统

主要保护对象：中亚热带常绿阔叶林生态系统及珍稀动植物

（2）现状

浙江临安清凉峰自然保护区位于浙江省临安市境内，总面积 10 800 hm²，保护区由龙塘山、千顷塘和顺溪坞三个部分组成，其主体龙塘山 1985 年经浙江省人民政府批准建立为省级自然保护区，1997 年扩大到现有规模，1998 年晋升为国家级自然保护区。

安徽清凉峰自然保护区位于安徽省歙县、绩溪和浙江临安交界地带。保护区由始建于 1986 年绩溪清凉峰和始建于 1982 年歙县清凉峰合并而成，总面积为 7 811 hm²。

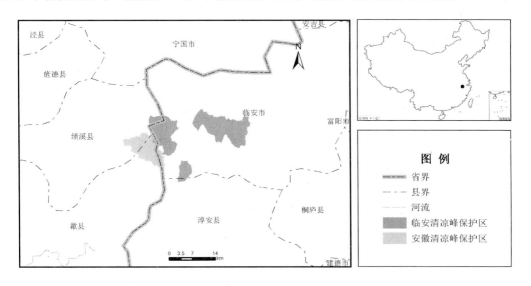

图 4-23　ZH019　浙江—安徽清凉峰自然保护区示意图

（3）建设理由

这两个保护区隔省界相接壤，应加强整合，或强化保护区规划和管理上的协调，尤其是浙江临安清凉峰区域应尽可能建立生态廊道，加强物种基因的交流，对整个自然生态系统进行统一管理。

本区地处华东皖浙丘陵区，由怀玉山脉北段、黄山山系以东部分和天目山系以西部分组成，主峰清凉峰海拔 1 787.4 m，是钱塘江流域的最高峰。区内地势高差大，地质切割、侵蚀作用强烈，生长着典型的北亚热带常绿落叶阔叶混交林，植被垂直分带明显，生物资源具有古老性、多样性等特征，是我国经济发达的长江三角洲地带难得的保存完好的生物基因库。

保护区内河流为浙江富春江支流沧浪河及安徽省练江二级支流登源河的源头。保护区动植物资源非常丰富，根据调查统计，全区共有维管束植物 1 800 多种，其中国家 I 级重点保护植物有红豆杉、南方红豆杉和银缕梅等，国家 II 级重点保护植物有香榧、华东黄杉、金钱松、连香树、鹅掌楸、香果树等。保护区共有陆生脊椎动物 300 多种，属于国家重点保护的野生动物有黑麂、云豹、白颈长尾雉、猕猴等 20 多种。本区还是南方铁杉群落、夏蜡梅群落、巴山水青冈群落和野生梅花鹿南方亚种在华东地区极少数的主要分布区之一，具有较高的科研价值，是开展森林生态、生物多样性研究的理想场所。

4.5.1.20　福建—江西武夷山自然保护区

（1）概况

图号：ZH020

现有面积：72 534 hm^2

生态系统类型：中亚热带山地森林生态系统

主要保护对象：中亚热带山地森林生态系统及珍稀物种

（2）现状

福建武夷山自然保护区位于福建省建阳县、武夷山市、光泽县接合部，面积 56 527 hm^2，1979 年国务院批准建立，1986 年加入联合国教科文组织"人与生物圈"保护区网，1999 年正式列入世界自然文化双遗产名录。

江西武夷山自然保护区位于江西省铅山县境内，总面积 16 007 hm^2。保护区于 1981 年经江西省人民政府批准建立，2002 年晋升为国家级自然保护区。

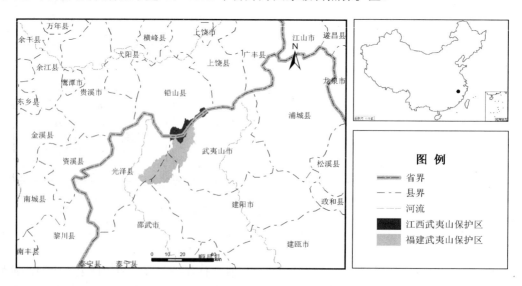

图 4-24　ZH020　福建—江西武夷山自然保护区示意图

（3）建设理由

这两个保护区隔省界相毗邻，应加强整合，或强化保护区规划和管理上的协调，作为一个完整的生态系统进行整体保护。

该区域是武夷山脉中段的主体部分，最高峰黄冈海拔 2 158 m，是武夷山脉的主峰，也是我国大陆东南地区的最高峰。区内保存着原生性极强的中亚热带中山山地森林生态系统，原始林和原始次生林面貌整齐，生态系统完整，植被垂直带谱明显。本区是泛北极植物区与古热带植物区的过渡地带，是我国生物多样性保护的关键地区，生物物种资源极为丰富。已查明的高等植物有 2 800 多种，其中国家重点保护植物有红豆杉、南方红豆杉、钟萼木、连香树、厚朴、福建柏等 20 多种。已知脊椎动物有 400 多种，已定名的昆虫有 5 000 多种，是世界上最有名的昆虫模式标本产地之一。属国家重点保护动物有云豹、豹、黑麂、黄腹角雉、金斑喙凤蝶等 40 多种。武夷山不仅是我国珍贵的生物资源区，还是我国东南沿海的名山之一，巍峨秀丽的景色赢得了"奇秀甲于东南"的美名，是著名的旅游胜地。

4.5.1.21　山东长岛、庙岛群岛斑海豹自然保护区

（1）概况

图号：ZH021

现有面积：178 400 hm^2

生态系统类型：岛屿和海洋生态系统

主要保护对象：鹰、隼等鸟类、斑海豹及其栖息地

（2）现状

长岛自然保护区位于山东省长岛县境内，面积 5 300 hm^2，1982 年由山东省人民政府批准建立，1988 年晋升为国家级自然保护区。

庙岛群岛海豹自然保护区位于山东省长岛县境内，处于山东半岛和辽东半岛之间，北与辽宁老铁山对峙，南与蓬莱高角相望，地理坐标为东经 120°35′～120°56′，北纬 37°53′～38°23′。保护区始建于 2001 年，由山东省人民政府批准建立，总面积为 173 100 hm^2。

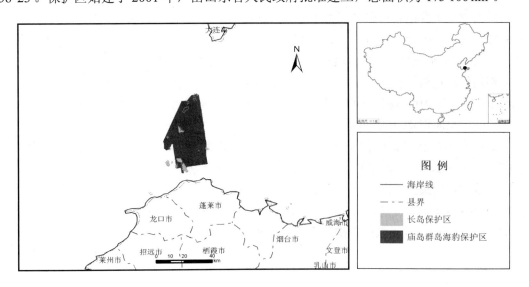

图 4-25　ZH021　山东长岛、庙岛群岛斑海豹自然保护区示意图

（3）建设理由

这两个保护区一个是以大的岛屿陆地为主，一个是以海洋为主，应加强整合，或强化保护区规划和管理上的协调，作为同一生态系统进行整体保护。

本区地处辽东半岛和山东半岛之间，由长山列岛的 32 个岛屿组成。群岛是由构造断陷而形成的基岩岛，属于低丘陵地貌，群岛岸线曲折，岬湾交错，海湾众多。岛上林木苍郁，山峦重叠，为鸟类的栖息提供了良好的生境，也为候鸟的迁徙提供了重要通道和停歇地。根据初步调查统计，全区共有鸟类 280 余种，其中属国家 I 级保护的有金雕、白肩雕、黑鹳、白枕鹤、白腹军舰鸟等 9 种，属国家 II 级保护的有鸳鸯、大天鹅、黑脸琵鹭等 42 种，有中日候鸟保护协定中 196 种鸟类，是我国开展鸟类环志的主要基地。区内海域鱼类资源丰富，日本枪乌贼、小黄鱼等斑海豹喜食的食物较多，是斑海豹理想的觅食场所，也是斑海豹最南端的栖息地，种群数量达 400 多头，该区域对于保护斑海豹物种及其生境，维持海洋生物多样性，具有重要意义。

4.5.1.22　江西鄱阳湖自然保护区

（1）概况

图号：ZH022

现有面积：151 033 hm^2

生态系统类型：湖泊生态系统

主要保护对象：珍稀候鸟及湖泊湿地生态系统

（2）现状

该区域已建有鄱阳湖候鸟、鄱阳湖南矶湿地、都昌候鸟、康山候鸟、白沙洲等自然保护区。

鄱阳湖候鸟自然保护区位于江西省永修县境内，地理坐标为东经 115°55′～116°03′，北纬 29°05′～29°15′，面积 22 400 hm^2，1983 年经江西省人民政府批准建立，1988 年晋升为国家级自然保护区，1992 年被列入《国际重要湿地名录》。

鄱阳湖南矶湿地自然保护区位于江西省南昌市新建县境内，地理坐标为东经 116°10′～116°23′，北纬 28°52′～29°06′，总面积 33 300 hm^2。保护区 1997 年经江西省人民政府批准建立，2008 年晋升国家级自然保护区。

都昌候鸟自然保护区位于江西省北部都昌县境内，地理坐标为东经 116°02′～116°36′，北纬 28°50′～29°10′。保护区始建于 1995 年，2003 年经江西省人民政府批准晋升为省级自然保护区，总面积 41 100 hm^2。

康山候鸟自然保护区位于江西省上饶市余干县西北部，地理坐标为东经 116°14′～116°30′，北纬 28°46′～29°03′。保护区始建于 2001 年，总面积 13 333 hm^2。

白沙洲自然保护区位于江西省波阳县西南部，东与南昌一水相隔，北与都昌县城相邻，南与余干县相连，地理坐标为东经 116°23′～116°40′，北纬 28°50′～29°10′。保护区始建于 2000 年，由波阳县人民政府批准建立，总面积 40 900 hm^2。

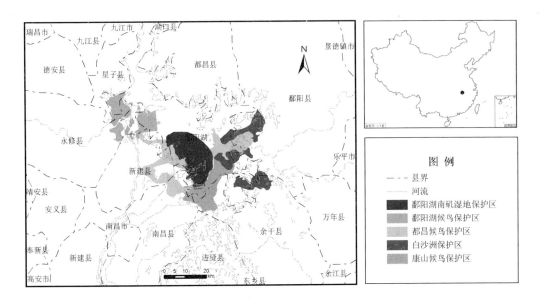

图 4-26　ZH022　江西鄱阳湖自然保护区示意图

（3）建设理由

这五个保护区隔县界相接壤或距离不超过 5 km，应加强整合，或强化保护区规划和管理上的协调，作为同一生态系统进行整体保护。

本区地处我国第一大淡水湖——鄱阳湖的西北角和南部。植被以水生植物为主，分为湿生、挺水、浮叶和沉水 4 个植物带。沼泽星罗棋布，水草繁茂，鱼虾众多，是候鸟理想的越冬地。据调查，区内野生动植物资源丰富，有维管束植物 400 多种，脊椎动物 300 多种。尤其是有鸟类 250 多种，列入国家Ⅰ级重点保护的野生动物有白鹤、东方白鹳等 9 种，国家Ⅱ级重点保护的有小天鹅、白琵鹭等 30 多种，属中澳、中日候鸟保护协定的分别有 27 种和 107 种。该区是目前世界上最大的白鹤越冬地，全球约 95% 的白鹤在此越冬，也是迄今发现的世界上最大的越冬鸿雁体所在地。保护区典型和完整的湿地生态系统不仅具有调蓄长江洪峰等重要生态服务功能，而且为水鸟提供了适宜的栖息生境，是东北亚迁徙水鸟的重要越冬地和中继站，同时为我国重要的经济鱼类产卵和育肥提供了场所。

4.5.1.23　江西马头山、阳际峰自然保护区

（1）概况

图号：ZH023

现有面积：24 812 hm²

生态系统类型：亚热带常绿阔叶林生态系统

主要保护对象：亚热带常绿阔叶林生态系统及珍稀植物

（2）现状

马头山自然保护区位于江西省资溪县境内，地理坐标为东经 117°10′～117°18′，北纬 27°43′～27°52′。保护区始建于 1994 年，2001 年晋升为省级自然保护区，2008 年晋升国家级自然保护区，总面积 13 866.53 hm²。

阳际峰自然保护区位于江西省贵溪市境内，地理坐标为东经 117°11′～117°28′，北纬 27°51′～28°02′。保护区始建于 1996 年，总面积为 10 946 hm²。

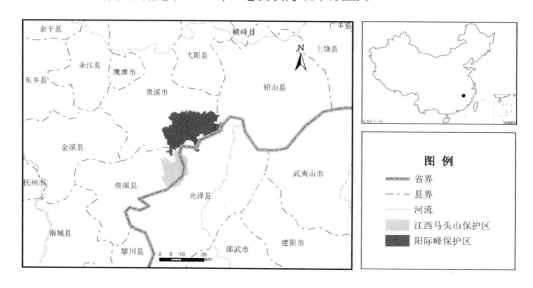

图 4-27　ZH023　江西马头山、阳际峰自然保护区示意图

（3）建设理由

这两个保护区隔县界相接壤，应加强整合，强化保护区规划和管理上的协调，对整个自然生态系统进行统一管理。而且，该区域离福建—江西武夷山较近，可以形成一个大的自然保护区群。

该区域地处武夷山脉中段西侧，地貌属于构造切割与流水侵蚀形成的火山岩型山地，以中山为主的中低山地貌。植被类型多样，主要有温性针叶林、暖性针叶林、落叶阔叶林、常绿落叶阔叶混交林、常绿阔叶林和竹林六个植被型。根据调查统计，保护区共有高等植物 2 000 多种，国家Ⅰ级重点保护植物有伯乐树、南方红豆杉等 4 种，国家Ⅱ级重点保护植物有香果树、福建柏、连香树、鹅掌楸、闽楠等 10 多种。区内陆生脊椎动物共有 380 多种，国家Ⅰ级重点保护动物有白颈长尾雉、黄腹角雉、云豹等 7 种，国家Ⅱ级重点保护动物有大鲵、穿山甲、鸳鸯、白鹇和小灵猫等 10 多种。该区域自然环境优越，处于闽赣交界的武夷山山脉西麓，保存了较大面积原生性较强的常绿阔叶林，包括美毛含笑、伯乐树和南方红豆杉的大面积野生群落，对武夷山脉的生物物种的沟通发挥了重要的生态廊道作用，对研究我国华东地区的生物资源及区系具有重要意义。保护区生物多样性极其丰富，是中亚热带地区一个不可多得的物种资源基因库。

4.5.1.24　江西井冈山、湖南炎陵桃源洞自然保护区

（1）概况

图号：ZH024

现有面积：41 003 hm²

生态系统类型：中亚热带常绿阔叶林森林生态系统

主要保护对象：中亚热带常绿阔叶林森林生态系统

（2）现状

井冈山自然保护区位于江西省井冈山市境内，总面积 17 217hm²。保护区于 1981 年经江西省人民政府批准建立，2000 年晋升为国家级自然保护区。

桃源洞自然保护区位于湖南省炎陵县境内，总面积 23 786hm²。保护区于 1982 年经湖南省人民政府批准建立，2002 年晋升为国家级自然保护区。

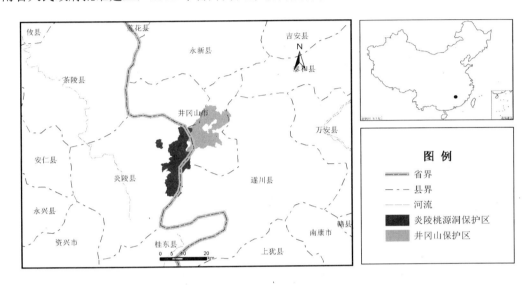

图 4-28　ZH024　江西井冈山、湖南炎陵桃源洞自然保护区示意图

（3）建设理由

本区域地处罗霄山脉中段东西坡，湘赣边境万洋山北段，是南岭山地向北延伸于此的一组山体。这两个保护区隔省界相毗邻，应加强整合，或强化保护区规划和管理上的协调，作为一个完整的生态系统进行整体保护。

本区域由于山高路险，人口稀少以及与外界联系甚少，而保存了完整的常绿阔叶林，尤以河西垅主峰为核心的大面积原始常绿阔叶林是我国最典型的中亚热带森林植被。区内植被类型复杂多样，生物资源丰富，并具典型性、代表性、特有性等特征，森林植被有 12个植被型，92 个群系，维管束植物有 3 400 余种，资源冷杉、南方红豆杉、银杉、穗花杉、南方铁杉等第三纪古老孑遗植物呈群落大量分布，是该区的精华之一，具有极高的研究价值。列为国家重点保护的野生植物有南方红豆杉、福建柏、白豆杉、闽楠、伯乐树等 70多种；脊椎动物有 260 多种（鱼类除外），昆虫 3 000 余种，均优于同纬度的其他区域。本区珍稀濒危物种种类较多，列为国家重点保护的野生动物有云豹、黄腹角雉、白颈长尾雉、穿山甲、大鲵等 70 余种，为我国东亚热带地区重要的生物基因库之一。此外，保护区还是湘江水系的发源地之一，在涵养水源、水土保持方面也具有很大的作用。

4.5.1.25　河南宝天曼、伏牛山自然保护区

（1）概况

图号：ZH025

现有面积：61 437hm²

生态系统类型：北亚热带和暖温带森林生态系统

主要保护对象：森林生态系统及珍稀动植物

（2）现状

宝天曼自然保护区位于河南省内乡县境内，地理坐标为东经 111°53′～112°00′，北纬 33°25′～33°33′，面积 5 413 hm²，1980 年由河南省人民政府批准建立，1988 年晋升为国家级自然保护区，2001 年加入联合国教科文组织"人与生物圈"保护区网。

伏牛山自然保护区位于河南省西峡、内乡、南召、栾川、嵩县、鲁山 6 县境内，面积 56 024 hm²。保护区由西峡老界岭黑烟镇、黄石庵、南召主天曼、栾川老君山、嵩县龙池曼、鲁山石人山 6 个保护区组成，这 6 个保护区分别于 1980 年和 1982 年经河南省人民政府批准建立，经规划调整后构成一个完整的统一体，并于 1997 年晋升为国家级自然保护区。

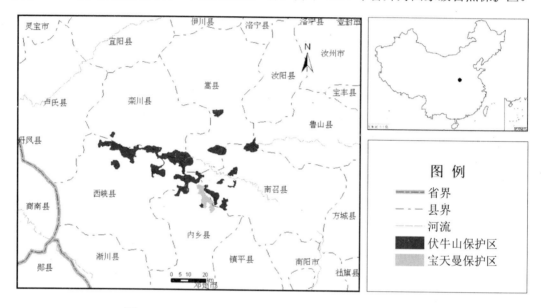

图 4-29　ZH025　河南宝天曼、伏牛山自然保护区示意图

（3）建设理由

这两个保护区隔县界相接壤或距离不超过 5 km，应加强整合，或强化保护区规划和管理上的协调，尤其是伏牛山区域应尽可能建立生态廊道，加强物种基因的交流，作为同一生态系统进行整体保护。

本区地处伏牛山山区，境内重峦叠嶂，山高谷深，河谷迂回曲折，盆拗交错，是我国北亚热带和暖温带的气候分区线，也是中国动物区划古北界和东洋界的分界线，还是华北、华中、西南植物的镶嵌地带，属暖温带落叶阔叶林向北亚热带常绿落叶阔叶混交林的过渡区。区内森林茂密，植被类型复杂，垂直带谱明显，植被主要包括阔叶林、针叶林、灌丛、草甸和沼泽等，汇集着多种区系的动植物。根据调查统计，区内共有高等植物 2 800 多种，属国家重点保护的植物有连香树，太白冷杉、红豆杉等 30 多种；脊椎动物有 270 多种，属国家重点保护的有麝、金钱豹、大鲵等 50 多种。伏牛山还是长江、黄河、淮河三大水系一些支流的发源地，是重要的水源涵养林区。

4.5.1.26 湖南壶瓶山、湖北五峰后河自然保护区

（1）概况

图号：ZH026

现有面积：51 187hm²

生态系统类型：森林生态系统

主要保护对象：亚热带森林生态系统及珍稀动植物

（2）现状

壶瓶山自然保护区位于湖南省石门县境内，地理坐标为东经 110°29′～110°59′，北纬 29°58′～30°09′，面积 40 847hm²，1982 年建立省级自然保护区，1994 年晋升为国家级自然保护区。

后河自然保护区位于湖北省五峰土家族自治县境内，总面积 10 340hm²。保护区于 1985 年经五峰自治县人民政府批准建立，1988 年晋升为省级自然保护区，2000 年晋升为国家级自然保护区。

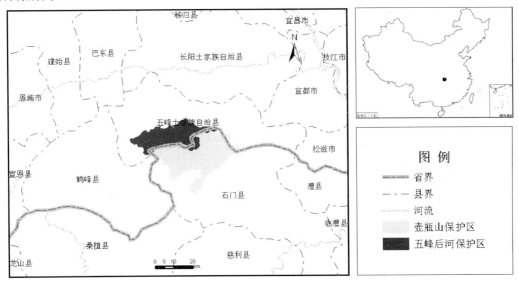

图 4-30 ZH026 湖南壶瓶山、湖北五峰后河自然保护区示意图

（3）建设理由

这两个保护区隔省界相毗邻，应加强整合，或强化保护区规划和管理上的协调，作为一个完整的生态系统进行整体保护。

本区地处武陵山脉东段，境内群峰起伏，层峦叠嶂。由于该区域地处云贵高原向东南丘陵平原的过渡地带和中亚热带向北亚热带的过渡地带，生物区系具有十分明显的过渡性和代表性，加之受第四纪冰川影响较小，古老孑遗物种相当丰富，成为生物的避难所和中国特有物种的集中分布区之一。区内植被类型多样，结构较为复杂，共有 10 个植被型，34 个群系。生物资源丰富，植被垂直分带现象明显，森林植被为华中植物区系地带性的代表。已知维管束植物有 2 000 多种，其中列为国家重点保护的野生植物有珙桐、光叶珙桐、红豆杉、南方红豆杉、伯乐树、香果树、连香树、鹅掌楸等 20 余种，并具有多种珍稀濒

危植物在小区域内高密度集中分布的特点；已知陆生脊椎动物有 300 多种，其中列为国家重点保护的野生动物有金钱豹、云豹、黑麂、黑熊、豺、红腹角雉等 50 多种。后河保护区是我国生物多样性的关键地区，具有非常重要的保护价值和研究价值。

4.5.1.27　湖南八大公山、湖北七姊妹山自然保护区

（1）概况

图号：ZH027

现有面积：54 550 hm²

生态系统类型：中亚热带山地常绿阔叶林生态系统

主要保护对象：中亚热带山地常绿阔叶林生态系统及珍稀濒危动植物

（2）现状

八大公山自然保护区位于湖南省张家界市武陵源区，地理坐标为东经 109°41′～110°09′，北纬 29°39′～29°49′，面积 20 000 hm²，1986 年经国务院批准建立。

七姊妹山自然保护区位于湖北省恩施土家族苗族自治州宣恩县境内，地理坐标为东经 109°38′～109°47′，北纬 29°39′～30°05′。保护区始建于 1990 年，2002 年晋升为省级自然保护区，2008 年晋升为国家级自然保护区，总面积为 34 550 hm²。

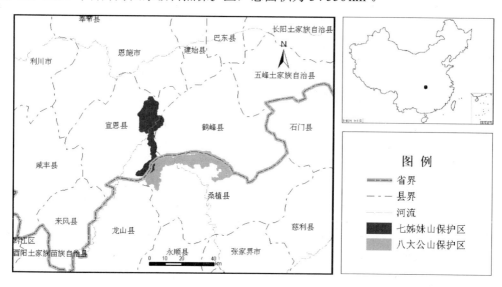

图 4-31　ZH027　湖南八大公山、湖北七姊妹山自然保护区示意图

（3）建设理由

这两个保护区隔省界相毗邻，应加强整合，或强化保护区规划和管理上的协调，作为一个完整的生态系统进行整体保护。

该区域地处武陵山山脉余脉，由七姊妹山、秦家大山和八大公山 3 个山脊构成，地势西北高，东南低。由于受第四冰川影响较小和历史上很少受到人为破坏，区内分布着典型的中亚热带常绿阔叶林，保存着种类繁多的植物，地带性植被为常绿阔叶林和常绿落叶阔叶混交林，还有华中地区罕见的泥炭藓沼泽湿地，孕育了大量珍稀濒危动植物。根据调查统计，区内共有维管束植物 3 000 多种，国家重点保护植物有南方红豆杉、珙桐等，是鹅

掌楸、青钱柳、水青树等古老植物的保存中心，特别是以珙桐为主的成片混交林，形成了罕见的植物群落。陆生脊椎动物共有 350 多种，国家重点保护野生动物有云豹、林麝、金雕、水鹿、苏门羚、白冠长尾雉、红腹角雉、猕猴等。该区域是我国三大特有现象中心之一的"川东—鄂西特有现象中心"的核心地带，是我国中亚热带地区生物多样性最为丰富的地区之一，保存了一大批珍稀濒危野生动植物，物种种类繁多，具有古老性、濒危性和中亚热带动植物区系的明显特征，有极高的科研价值和保护价值。

4.5.1.28　湖北神农架、重庆阴条岭、五里坡自然保护区

（1）概况

图号：ZH028

现有面积：150 000 hm²

生态系统类型：北亚热带山地森林生态系统

主要保护对象：北亚热带山地森林生态系统及珍稀动植物

（2）现状

神农架自然保护区位于湖北省房县、兴山、巴东三县交界处，面积 70 467 hm²，1978 年经湖北省人民政府批准建立，1986 年晋升为国家级自然保护区，1990 年加入联合国教科文组织"人与生物圈"保护区网。

阴条岭自然保护区位于重庆市巫溪县境内，面积 30 284 hm²，2000 年建立，2001 年晋升为省级自然保护区。

五里坡自然保护区位于重庆市巫山县境内，面积 38 039 hm²，2000 年建立省级自然保护区。

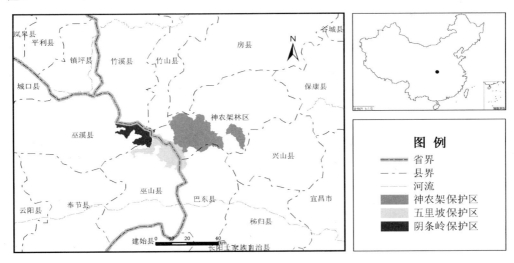

图 4-32　ZH028　湖北神农架、重庆阴条岭、五里坡自然保护区示意图

（3）建设理由

这三个保护区隔省界县界相接壤，应加强整合，或强化保护区规划和管理上的协调，尽可能建立生态廊道，对整个自然生态系统进行统一管理。

本区地处大巴山系与武当山系之间的神农架原始森林区域，主峰大神农架海拔 3 052 m，

素有"华中屋脊"之称。区内植被以亚热带成分为主，兼有温带和热带成分，并具有明显的垂直地带性。本区是国内各动植物区系汇集的地区，同时也是我国特有动植物属的分布中心之一。高等植物有1 900多种，其中国家重点保护植物有珙桐、水青树等17种；药用植物有1 200多种；陆生脊椎动物有500多种，国家重点保护动物有金丝猴、小熊猫等15种；神农架特有物种有神农香菊等10多种。近年来，该区域多次发现有"白熊"、"白金丝猴"等白化动物，引起中外科学家的高度重视。此外，其奇丽的自然景观，丰富的生物资源和浓厚的神秘色彩，是生态旅游和探险旅游的胜地。

4.5.1.29　湖南小溪、借母溪、高望界自然保护区

（1）概况

图号：ZH029

现有面积：50 774 hm^2

生态系统类型：中亚热带常绿阔叶林生态系统

主要保护对象：中亚热带常绿阔叶林生态系统及珍稀动植物

（2）现状

小溪自然保护区位于湖南省永顺县境内，总面积24 800 hm^2。保护区于1982年经湖南省人民政府批准建立，2001年晋升为国家级自然保护区。

借母溪自然保护区位于湖南省沅陵县境内，地理坐标为东经110°19′～110°29′，北纬28°45′～28°54′。保护区始建于1998年，2003年晋升为省级自然保护区，2008年晋升为国家级自然保护区，总面积为13 041 hm^2。

高望界自然保护区位于湖南省古丈县境内，地理坐标为东经109°48′～110°13′，北纬28°35′～28°45′。保护区2002年经湖南省人民政府批准为省级自然保护区，总面积为12 933 hm^2。

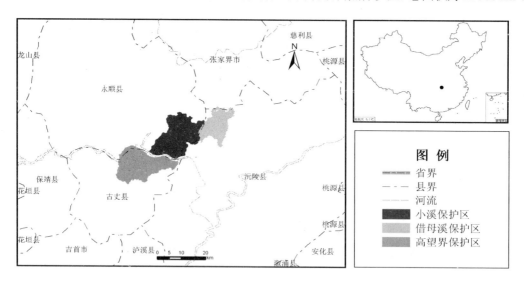

图4-33　ZH029　湖南小溪、借母溪、高望界自然保护区示意图

（3）建设理由

这三个保护区隔县界相接壤，应加强整合，或强化保护区规划和管理上的协调，作为

同一生态系统进行整体保护。

该区域地处云贵高原东侧、武陵山地与鄂西山地交界处，是武陵山脉南支东南方向伸展的中低山部分，山峦重叠。本区植物区系属于泛北极植物区、中国—日本森林植物亚区、华中地区湘西北片，地带性植被为中亚热带常绿阔叶林。植物区系成分复杂，起源古老，保存了大量子遗植物和珍稀特有植物。据调查，区内有维管束植物 2 700 多种，其中属国家Ⅰ级重点保护的野生植物有珙桐、南方红豆杉、伯乐树等 7 种，国家Ⅱ级保护植物有黄杉、巴山榧、翅荚木等 36 种；有脊椎动物 200 多种，有昆虫 500 多种，其中属国家重点保护的野生动物有金钱豹、云豹、白颈长尾雉、猕猴、穿山甲、大鲵等 30 多种。区内有保存完整的原始中亚热带常绿阔叶林和次生石灰岩森林植被，为众多珍稀濒危野生动植物提供了优良的栖息、繁衍场所，特有植物种类繁多，是开展植物区系起源及演化、地带性和非地带型植被关系的理想研究基地，具有重要的科研价值。

4.5.1.30 湖南乌云界、安化红岩自然保护区

（1）概况

图号：ZH030

现有面积：42 778 hm²

生态系统类型：中亚热带森林生态系统

主要保护对象：中亚热带森林生态系统及珍稀动植物

（2）现状

乌云界自然保护区位于湖南省桃源县境内，总面积为 33 818 hm²。保护区始建于 1998 年，2000 年晋升为省级自然保护区，2006 年晋升为国家级自然保护区。

红岩自然保护区位于湖南省安化县境内，地理坐标为东经 111°08′～111°14′，北纬 28°25′～28°31′。保护区 1997 年由湖南省人民政府批准为省级自然保护区，总面积 8 960 hm²。

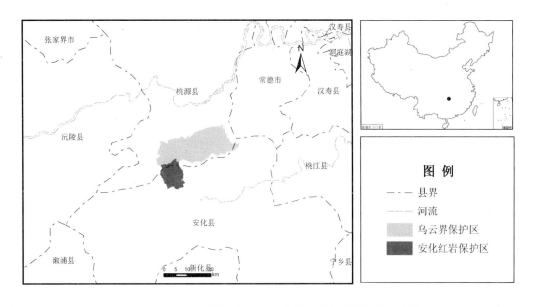

图 4-34 ZH030 湖南乌云界、安化红岩自然保护区示意图

（3）建设理由

这两个保护区隔县界相接壤，应加强整合，或强化保护区规划和管理上的协调，作为同一生态系统进行整体保护。

该区域地处扬子地台和华南地台的结合部位，地势陡峭。地带性植被属中亚热带常绿阔叶林带，区系属泛北极植物区、中国—日本森林植物亚区的华中、华东过渡地带，植被主要为典型的中亚热带常绿阔叶林、针阔混交林、落叶阔叶林、竹林、灌丛、山顶矮林、草丛等。区内共有维管束植物 2 000 多种，国家 I 级重点保护野生植物有金钱松、红豆杉、南方红豆杉和伯乐树等 5 种，国家 II 级重点保护野生植物有凹叶厚朴、篦子三尖杉等 27 种。脊椎动物有 200 多种，国家 I 级重点保护动物有白颈长尾雉、云豹、豹等 5 种，国家 II 级重点保护动物有水獭、小灵猫、穿山甲、雀鹰、勺鸡、大鲵等 22 种。该区域是长江中上游生态公益林的重要组成部分，还是沅水水系的发源地，为湘西北重要的生态屏障。

4.5.1.31　湖南莽山、广东南岭自然保护区

（1）概况

图号：ZH031

现有面积：78 757 hm²

生态系统类型：中亚热带森林生态系统

主要保护对象：中亚热带森林生态系统及珍稀动植物

（2）现状

莽山自然保护区位于湖南省宜章县境内，地理坐标为东经 112°43′～113°00′，北纬 24°53′～25°03′，面积 19 833 hm²，1982 年建立省级自然保护区，1994 年晋升为国家级自然保护区。

南岭自然保护区位于广东省乳源、连县、阳山三县境内，地理坐标为东经 112°30′～113°04′，北纬 24°37′～24°57′，面积 58 924 hm²，由 1984 年建立的乳阳、大顶山、大东山、称架山四个省级保护区合并组成，并于 1994 年晋升为国家级自然保护区。

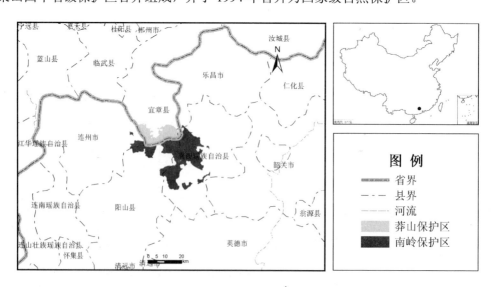

图 4-35　ZH031　湖南莽山、广东南岭自然保护区示意图

（3）建设理由

这两个保护区隔省界相接壤，应加强整合，或强化保护区规划和管理上的协调，对整个自然生态系统进行统一管理。

本区地处南岭山脉中心地带，有广东最高大的中山山地。本区地处南亚热带和中亚热带植物交替的过渡地区，植被垂直分布明显，保存着完整的亚热带常绿阔叶林、山顶矮林、针叶林等森林植被。区内的原生性亚热带常绿阔叶林是世界湿润亚热带常绿阔叶林保存最完好、面积较大、最具代表性的地域。区内动植物种类极其丰富多样，孕育着许多以南岭为起源中心和分布中心的特有的动植物种。区内高等植物有 2 300 多种，其中国家重点保护植物 24 种；动物中有哺乳类 70 多种，鸟类 120 多种，两栖爬行类 40 多种，其中国家重点保护动物豹、梅花鹿、短尾猴、穿山甲、黑熊等 30 多种。该区域丰富的物种资源和复杂的亚热带森林植物，是南岭森林生态系统的核心和精华，具有重要的保护价值和科研价值。

4.5.1.32　湖南永州都庞岭、广西千家洞自然保护区

（1）概况

图号：ZH032

现有面积：32 297 hm²

生态系统类型：亚热带常绿阔叶林

主要保护对象：亚热带常绿阔叶林和野生动植物

（2）现状

都庞岭自然保护区位于湖南省永州市道县和江永县境内，总面积 20 066 hm²，保护区由湖南省人民政府 1982 年批准建立的道县千家洞、江永大远两个省级自然保护区合并而成，2000 年晋升为国家级自然保护区。

千家洞自然保护区位于广西壮族自治区灌阳县境内，总面积为 12 231 hm²。保护区于 1982 年由广西壮族自治区人民政府批准成立，2006 年晋升为国家级自然保护区。

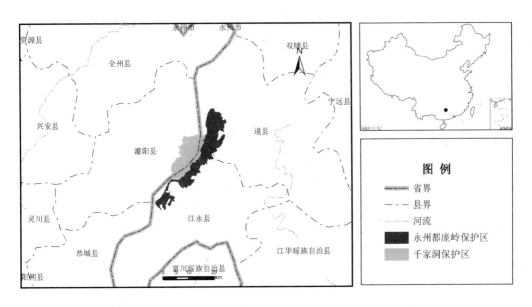

图 4-36　ZH032　湖南永州都庞岭、广西千家洞自然保护区示意图

（3）建设理由

这两个保护区隔省界相接壤，应加强整合，或强化保护区规划和管理上的协调，对整个自然生态系统进行统一管理。

该区域地处南岭山地中部都庞岭山脉的东西坡，是一褶断中山。地形复杂陡峭，溪谷幽深，千米以上山头近百座，主峰韭菜岭海拔2 009 m，相对高差在500～1 700 m。由于保护区位于中亚热带向南亚热带的过渡地带，区内植物区系成分复杂，属华中、华南、华东三大植物区系的交汇地带，动物区系为东洋界华中区，并有华南区系成分渗透，华中区向华南区过渡特征。本区森林植被保存良好，生物资源丰富，低海拔地区分布有大面积结构完整的常绿阔叶林，为保护的主要对象，同时区内还分布有大面积的福建柏群落和长苞铁杉群落；已发现的维管束植物有1 900多种，其中资源冷杉、南方红豆杉、伯乐树、香果树、鹅掌楸等10余种植物被列为国家重点保护野生植物；已发现的陆栖脊椎动物有200多种，其中国家重点保护动物有鳄蜥、云豹、蟒、短尾猴、水鹿等25种。本区是重要水源涵养林区，还是瑶文化的发源地，因而在森林生态、动植物遗传资源的保护以及民族学的研究等方面均具有很高的价值。

4.5.1.33 贵州茂兰、广西木论自然保护区

（1）概况

图号：ZH033

现有面积：28 969 hm^2

生态系统类型：喀斯特森林生态系统

主要保护对象：喀斯特森林及珍稀动植物

（2）现状

木论自然保护区位于广西壮族自治区环江毛南族自治县境内，地理坐标为东经107°54′～108°05′，北纬25°07′～25°12′，总面积8 969 hm^2。保护区于1996年经广西壮族自治区人民政府批准建立，1998年晋升为国家级自然保护区。

茂兰自然保护区位于贵州省荔波县境内，地理坐标为东经107°52′～108°45′，北纬19°51′～20°01′，面积20 000 hm^2，1987年经贵州省人民政府批准建立，1988年晋升为国家级自然保护区，1996年加入联合国教科文组织"人与生物圈"保护区网。

（3）建设理由

这两个保护区隔省界相接壤，应加强整合，或强化保护区规划和管理上的协调，作为同一生态系统进行整体保护。

本区地处云贵高原南部边缘向广西丘陵盆地过渡斜坡地带，喀斯特地貌极为发育，景观奇特，生境复杂多样，生物多样性资源极为丰富，喀斯特森林保存完好。植被区系处于亚热带常绿阔叶林区，东部常绿阔叶林亚区，中亚热带常绿阔叶林带。据初步调查，区内有维管束植物1 000多种，列入国家重点保护的珍稀濒危植物有短叶黄杉、香木莲、伞花木、掌叶木、异裂菊等21种；陆栖脊椎动物有260多种，列入国家重点保护的野生动物有豹、蟒、猕猴、穿山甲、黑熊等29种。区内峰峦叠嶂，溪流纵横，原生森林茂密，喀斯特地貌形成的山、水、林、洞、瀑、石融为一体，呈现出喀斯特森林生态环境的完美统一和神奇的特色。尤其是境内的喀斯特森林保存完好，气势壮观，是世界上同纬度地带所特有的珍贵森林资源，

对于研究喀斯特地貌的发育理论、水文地质效益和森林群落有重要价值。

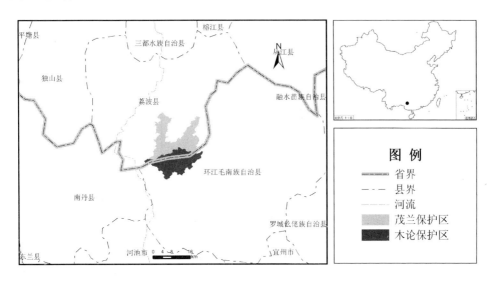

图 4-37 ZH033 贵州茂兰、广西木论自然保护区示意图

4.5.1.34 广西金钟山黑颈长尾雉、王子山雉类自然保护区

（1）概况

图号：ZH034

现有面积：65 000 hm²

生态系统类型：亚热带森林生态系统

主要保护对象：以雉类为代表的珍稀鸟类及其生境

（2）现状

金钟山黑颈长尾雉自然保护区位于广西壮族自治区隆林县西部，保护区始建于 1982 年，由广西壮族自治区人民政府批准建立，2009 年晋升为国家级自然保护区，总面积为 27 300 hm²。

王子山雉类自然保护区位于广西壮族自治区西林县西部，地理坐标为东经 104°30′～104°40′，北纬 24°20′～24°35′。保护区始建于 1982 年，2005 年由广西壮族自治区人民政府批准为省级自然保护区，总面积为 32 209 hm²。

（3）建设理由

这两个保护区隔县界相接壤，应加强整合，或强化保护区规划和管理上的协调，尤其是王子山区域应尽可能建立生态廊道，加强物种基因的交流，对整个自然生态系统进行统一管理。

该区域地处云贵高原边缘，地带性植被为半湿润季风常绿阔叶林。根据初步调查统计，保护区内共有维管束植物 400 多种。区内丰富的植物种类和森林植被为鸟兽提供了优越的生活栖息环境，动物资源比较丰富，主要有黑颈长尾雉、白腹锦鸡、白鹇、大鲵、穿山甲、眼镜蛇、蟒蛇、竹叶青和虎纹蛙等珍稀动物。尤其是该区域内集中分布的黑颈长尾雉、白腹锦鸡等雉类为国内罕见。区内茂密的森林保护了种类繁多的鸟类资源，对涵养水源、净化空气、保持水土和维护生态平衡也具有重要的作用。

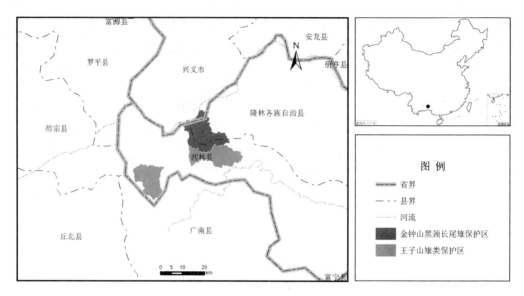

图 4-38　ZH034　广西金钟山黑颈长尾雉、王子山雉类自然保护区示意图

4.5.1.35　海南五指山、吊罗山自然保护区

（1）概况

图号：ZH035

现有面积：31 825 hm²

生态系统类型：热带雨林生态系统

主要保护对象：热带雨林生态系统及野生动植物

（2）现状

五指山自然保护区位于海南省五指山市和琼中县境内，总面积 13 435.9 hm²。保护区于 1985 年经广东省人民政府批准建立，2003 年晋升为国家级自然保护区。

吊罗山自然保护区位于海南省陵水黎族自治县境内，地理坐标为东经 109°45′～109°57′，北纬 18°40′～18°49′。保护区始建于 1984 年，由广东省人民政府批准建立省级自然保护区，2008 年晋升国家级自然保护区，总面积为 18 389 hm²。

（3）建设理由

这两个保护区隔县界相接壤，应加强整合，或强化保护区规划和管理上的协调，作为同一生态系统进行整体保护。

该区域地处海南岛中部，包括五指山的主体和主峰。以五指山为中心的海南热带雨林是我国目前仅存的两个原始热带雨林区之一。湿润雨林是五指山热带雨林的典型代表，具有典型的雨林特征。本区生物多样性丰富，动植物种类繁多，尤其是特有植物种多。区内主要植被类型有热带湿润雨林、热带山地雨林、热带亚高山矮林、热带山顶灌丛等 7 个类群，且植被垂直分布明显。已记录的野生维管束植物有 2 100 多种，国家 I 级重点保护植物有台湾苏铁、海南苏铁、坡垒 3 种，国家 II 级重点保护植物有海南粗榧、陆均松、见血封喉、普通野生稻、鸡毛松等 36 种，五指山特有植物有琼中山矾、海南鹤顶兰等 16 种。脊椎动物有 350 多种；已记录的昆虫有 1 700 余种。列为国家 I 级重点保护的野生动物有海南长臂猿、云豹、巨蜥等 6 种，国家 II 级重点保护动物有猕猴、大灵猫、小灵猫、海南水鹿等 40 多种，五指山特有动物有渡边何华灰蝶、褐斑凤蝶、小黑凤蝶等。该区域是我国乃至全球生物多样性关键地区之一，特有现象突出，新种和新记录种多，具有重要的保护价值和研究价值。

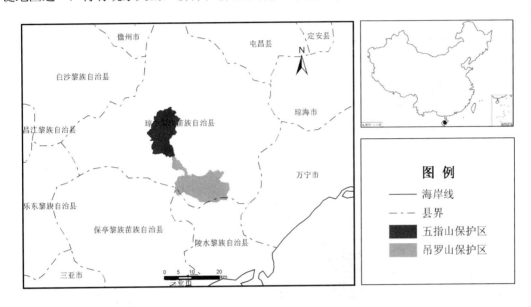

图 4-39　ZH035　海南五指山、吊罗山自然保护区示意图

4.5.1.36　四川卧龙、蜂桶寨、小金四姑娘山、米亚罗、草坡、鞍子河、黑水河自然保护区

（1）概况

图号：ZH036

现有面积：750 521 hm²

生态系统类型：中亚热带常绿阔叶林生态系统

主要保护对象：大熊猫、金丝猴等珍稀濒危动物及森林生态系统

（2）现状

卧龙自然保护区位于四川省阿坝藏族自治州汶川县境内，面积 200 000 hm²，1975 年经原林业部批准建立，1980 年加入联合国教科文组织"人与生物圈"保护区网。

蜂桶寨自然保护区位于四川省宝兴县境内，地理坐标为东经 102°48′～103°00′，北纬 30°19′～30°47′，面积 39 039 hm²，1975 年国务院批准建立。

小金四姑娘山自然保护区位于四川省阿坝藏族自治州小金县境内，面积为 48 500 hm²，1995 年经小金县人民政府批准建立，同年晋升为省级自然保护区，1996 年被批准为国家级自然保护区。

米亚罗自然保护区位于四川省阿坝藏族羌族自治州理县境内，东面临理县的杂谷脑河，南面以理县与汶川交界的主山脉分水岭为界，西面以理县和小金县交界的邛崃山脉分水岭为界，地理坐标为东经 102°35′～103°31′，北纬 31°11′～31°47′。保护区始建于 1999 年，由四川省人民政府批准建立，总面积为 368 800 hm²。

　　草坡自然保护区位于邛崃山系北部、岷江中游北岸，四川省汶川县西北部的草坡乡和绵池镇境内，地理坐标为东经103°10′～103°22′，北纬28°10′～28°31′。保护区始建于2000年，由四川省人民政府批准建立，总面积为52 251 hm²。

　　鞍子河自然保护区位于四川省成都崇州市境内，地处邛崃山系东南支脉龙门山中段的东缘，盆地西缘峡谷地带，地理坐标为东经103°07′～103°17′，北纬30°45′～30°51′。保护区始建于1993年，由四川省人民政府批准建立，总面积为10 141 hm²。

　　黑水河自然保护区位于四川省大邑县境内，保护区始建于1996年，由四川省人民政府批准建立，总面积为31 790 hm²。

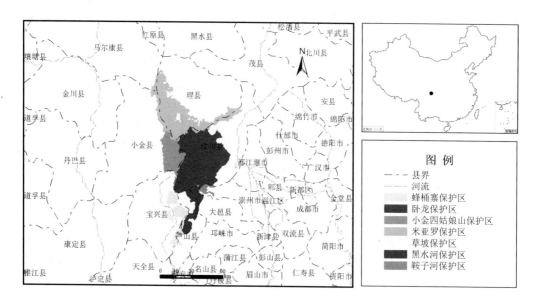

图4-40　ZH036　四川卧龙、蜂桶寨、小金四姑娘山、米亚罗、草坡、鞍子河、黑水河自然保护区示意图

（3）建设理由

　　这七个保护区隔县界相接壤，应加强整合，或强化保护区规划和管理上的协调，作为同一生态系统进行整体保护。

　　本区地处岷江上游、邛崃山系，横断山脉北段向四川盆地过渡的边缘地带，属典型的高山峡谷地貌，属中亚热带湿润气候，为青藏高原向四川盆地过渡的高山峡谷区。本区的地带性植被属于中亚热带常绿阔叶林，但随着海拔的升高而形成的水热条件的变化，植被类型相应出现有规律的垂直变化。在海拔2 100～3 600 m的温带针阔叶林带和亚高山针叶林带，云杉、冷杉林下生长着成片茂密的箭竹，为珍稀孑遗动物大熊猫最适宜的生存环境。本区动植物区系组成复杂，资源丰富，高等植物有2 100多种，其中国家重点保护植物有珙桐、香果树、连香树、红豆杉等；高等动物有370多种，其中国家重点保护动物有大熊猫、金丝猴、羚牛、白唇鹿等40多种。本区对保护我国西部地区的生物多样性和景观多样性，研究我国特有珍稀动植物种群的进化分类与繁殖等方面都有着重要的意义，是我国大熊猫数量最多的地区，在大熊猫的保护和研究方面取得了显著成绩，具有重要的保护价值。同时，本区冰川、高山湖泊、瀑布与原始植被构成优美的自然景观，也是游览的胜地。

4.5.1.37　四川唐家河、九寨沟、龙溪—虹口、王朗、白水河、雪宝顶、东阳沟、草坡、九顶山、勿角、千佛山、宝顶沟、小寨子沟、小河沟、黄龙寺、白河金丝猴、片口、白羊、甘肃白水江自然保护区

（1）概况

图号：ZH037

现有面积：980 000 hm^2

生态系统类型：亚热带山地森林生态系统

主要保护对象：大熊猫、金丝猴等珍稀野生动物及其栖息地

（2）现状

唐家河自然保护区位于四川省青川县境内，地理坐标为东经 104°37′~104°53′，北纬 32°31′~32°41′，面积 40 000 hm^2，1978 年建立省级自然保护区，1986 年晋升为国家级自然保护区。

九寨沟自然保护区位于四川省九寨沟县境内，地理坐标为东经 102°03′~103°46′，北纬 32°54′~33°15′，面积 64 297 hm^2，1978 年经国务院批准建立，1997 年加入联合国教科文组织"人与生物圈"保护区网。

龙溪—虹口自然保护区位于四川省都江堰市境内，面积 34 000 hm^2，1993 年经四川省人民政府批准建立，1997 年晋升为国家级自然保护区。

王朗自然保护区位于四川省平武县境内，总面积 32 297 hm^2。保护区于 1965 年经四川省人民委员会批准建立，2002 年晋升为国家级自然保护区。

白水河自然保护区位于四川省彭州市境内，总面积 30 150 hm^2。保护区于 1996 年经彭州市人民政府批准建立，1999 年晋升为省级自然保护区，2002 年晋升为国家级自然保护区。

雪宝顶自然保护区位于四川省平武县境内，总面积为 63 615 hm^2。保护区于 1993 年经四川省人民政府批准成立，2006 年晋升为国家级自然保护区。

东阳沟自然保护区位于四川省广元市青川县境内，地理坐标为东经 104°55′~105°23′，北纬 32°30′~32°42′。保护区始建于 2001 年，由青川县人民政府批准建立，总面积为 30 761 hm^2。

草坡自然保护区位于四川省汶川县西北部的草坡乡和绵池镇境内，地理坐标为东经 103°10′~103°22′，北纬 28°10′~28°31′。保护区始建于 2000 年，由四川省人民政府批准建立，总面积为 52 251 hm^2。

九顶山自然保护区位于四川省绵竹市境内，地理坐标为东经 103°45′~104°15′，北纬 31°23′~31°42′。保护区始建于 1999 年，由四川省人民政府批准建立，总面积为 63 700 hm^2。

勿角自然保护区位于四川省阿坝藏族羌族自治州九寨沟县的勿角、马家和草地三乡境内，地理坐标为东经 103°59′~104°24′，北纬 32°53′~33°13′。保护区始建于 1993 年，由四川省人民政府批准建立，总面积为 37 110 hm^2。

千佛山自然保护区位于四川省安县、北川县和茂县的交界处，地理坐标为东经 103°56′~104°18′，北纬 31°37′~31°48′。保护区始建于 1993 年，由四川省人民政府批准建立，总面积为 17 710 hm^2。

宝顶沟自然保护区位于四川盆地向青藏高原过渡的龙门山脉北段和岷山山脉南段交汇地带，地处四川省茂县东北部，地理坐标为东经 103°40′～104°10′，北纬 31°39′～32°10′。保护区始建于 1993 年，由四川省人民政府批准建立，总面积为 19 560 hm²。

小寨子沟自然保护区位于四川省绵阳市北川羌族自治县境内，地理坐标为东经 103°45′～104°26′，北纬 31°50′～32°16′。保护区始建于 1994 年，由四川省人民政府批准建立，总面积为 44 391 hm²。

小河沟自然保护区位于四川省平武县境内，地理坐标为东经 104°08′～104°30′，北纬 32°29′～32°43′。保护区始建于 1993 年，由四川省人民政府批准建立，总面积为 28 227 hm²。

黄龙寺自然保护区位于四川省阿坝藏族羌族自治州松潘县境内，保护区分为东西两片，东片地理坐标为东经 103°44′～104°04′，北纬 32°39′～32°54′；西片地理坐标为东经 103°36′～103°42′，北纬 32°43′～32°48′。保护区始建于 1983 年，由四川省人民政府批准建立，总面积为 55 050 hm²。

白河金丝猴自然保护区位于阿坝藏族羌族自治州九寨沟县的白河乡境内，地理坐标为东经 104°02′～104°12′，北纬 33°11′～33°17′。保护区始建于 1993 年，由四川省人民政府批准建立，总面积为 16 204 hm²。

片口自然保护区位于北川羌族自治县境内，1994 年建立，总面积 82 930 hm²。

白羊自然保护区位于松潘县境内，1993 年建立，总面积 76 710 hm²。

白水江自然保护区位于甘肃省文县、武都两县境内，地理坐标为东经 104°16′～105°27′，北纬 32°16′～33°15′，面积 213 750 hm²，1978 年经国务院批准建立，2001 年加入联合国教科文组织"人与生物圈"保护区网。

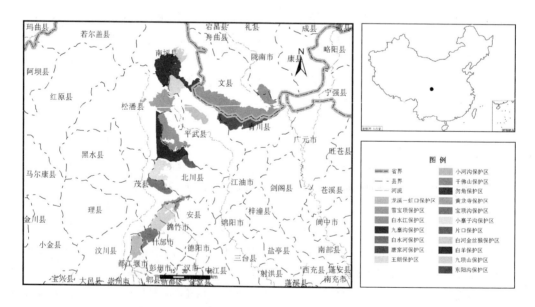

图 4-41　ZH037　四川唐家河、九寨沟、龙溪—虹口、王朗、白水河、雪宝顶、东阳沟、草坡、九顶山、
勿角、千佛山、宝顶沟、小寨子沟、小河沟、黄龙寺、白河金丝猴、片口、白羊、
甘肃白水江自然保护区示意图

（3）建设理由

这十九个保护区隔县界相接壤或距离不超过 5 km，应加强整合，或强化保护区规划和管理上的协调，作为同一生态系统进行整体保护。

本区地处四川盆地向青藏高原过渡地带，岷山山系大熊猫栖息地，植被区系上属于中国—日本—喜马拉雅两大植物区系的交汇地，也是温带和亚热带植物区系的交汇地，植物种类丰富、区系成分复杂、垂直带谱完整。区内有高等植物 2 600 多种，属于国家 I 级重点保护植物的有南方红豆杉、红豆杉、珙桐、独叶草等 6 种，II 级重点保护植物有秦岭冷杉、大果青杆、水青树、连香树、篦子三尖杉等 30 多种。特别是珙桐在区内分布广泛，面积在 10 hm² 左右的纯林就有 2 片。该区还是我国杜鹃花属植物最丰富的地区，种类达 200 余种。动物区系属于南北动物区系的交汇地，动物种类非常丰富，脊椎动物有 500 多种，属国家 I 级重点保护动物的有大熊猫、金丝猴、羚牛、云豹、豹、绿尾虹雉、金雕、雉鹑和斑尾榛鸡等 10 种，国家 II 级重点保护动物有小熊猫、大灵猫、小灵猫、猕猴等 30 多种，并为我国画眉和雉类的分布中心。该区域是岷山山系大熊猫栖息地的关键区域，是全球生物多样性保护热点地区之一，对于保护全球生物多样性具有重要的意义，同时在开展国际交流、科学研究、环境保护教育和生态旅游等方面具有得天独厚的优势。

4.5.1.38　四川下拥、云南白马雪山自然保护区

（1）概况

图号：ZH038

现有面积：305 333 hm²

生态系统类型：高山森林生态系统

主要保护对象：高山针叶林、山地植被垂直带谱和滇金丝猴等珍稀动植物

（2）现状

下拥自然保护区位于四川省得荣县境内，地理坐标为东经 99°14′～99°27′，北纬 28°12′～28°28′。保护区 2003 年由四川省人民政府批准为省级自然保护区，总面积为 23 693 hm²。

白马雪山自然保护区位于云南省德钦县境内，地理坐标为东经 98°57′～99°21′，北纬 27°47′～28°36′，面积 281 640 hm²，1983 年由云南省人民政府批准建立，1988 年晋升为国家级自然保护区。

（3）建设理由

这两个保护区隔省界相接壤，应加强整合，或强化保护区规划和管理上的协调，作为同一生态系统进行整体保护。

本区地处青藏高原边缘，横断山脉中段，巍峨的云岭自北向南纵贯全区，5 000 m 以上的山峰有 20 座，主峰白马雪山海拔 5 430 m，相对高差超过 3 000 m，地貌以宏伟陡峭的高山、极高山、峡谷为主，还有冰川、冻土地貌和小型侵蚀河谷盆地等。区内植被垂直分布明显，在水平距离不足 40 km 内，有 7～16 个植物分布带谱，相当于我国从南到北几千千米的植物分布带，蔚为奇观。本区的国家重点保护植物有星叶草、独叶草、澜沧黄杉等 10 多种，国家重点保护动物有滇金丝猴、云豹、小熊猫、绿尾虹雉、红腹角雉、红腹锦鸡等 30 多种。该区域地理位置独特，有"寒温带高山动植物王国"之称，属全球生物多样性核心地区之一喜马拉雅—横断山区，具有很高的科学价值。

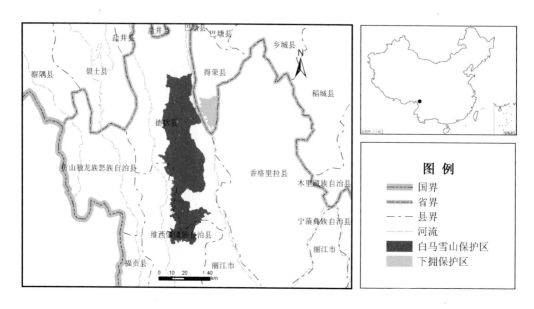

图 4-42　ZH038　四川下拥、云南白马雪山自然保护区示意图

4.5.1.39　四川美姑大风顶、马边大风顶自然保护区

（1）概况

图号：ZH039

现有面积：90 000 hm²

生态系统类型：森林生态系统

主要保护对象：大熊猫及森林生态系统

（2）现状

美姑大风顶自然保护区位于四川省美姑县境内，地理坐标为东经 103°19′～103°37′，北纬 28°36′～28°47′，面积 50 655 hm²，1978 年经国务院批准建立。

马边大风顶自然保护区位于四川省马边彝族自治县境内，地理坐标为东经 103°14′～103°24′，北纬 28°25′～28°44′，面积 30 164 hm²，1978 年经国务院批准建立。

（3）建设理由

本区为大风顶按照行政区域而划分的两个自然保护区，隔县界相接壤，应加强整合，或强化保护区规划和管理上的协调，作为同一生态系统进行整体保护。

本区地处凉山山系东麓，是四川盆地向云贵高原的过渡地带，地势由西向东倾斜，最高峰大风顶海拔 4 035 m，最低海拔 800 m，相对高差 3 000 m 以上，地形起伏大，山势陡峭，沟壑纵横，山峦叠翠，区内河谷深切。植被属中亚热带湿润山地常绿阔叶林，自然植被垂直分布十分明显，主要类型包括常绿阔叶林、常绿落叶阔叶混交林、针阔叶混交林、暗针叶林、高山灌丛草甸等。区内物种资源丰富，并且有很多古老物种在这里得到保护，国家重点保护植物有珙桐、连香树、水青树、大王杜鹃等 20 多种，国家重点保护动物有大熊猫、羚牛、小熊猫、川金丝猴、云豹等 20 多种，是大熊猫、羚牛、小熊猫等濒危物种的集中分布区。

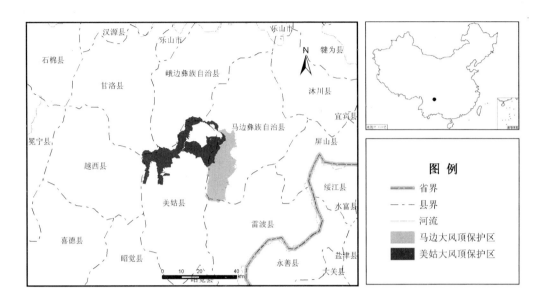

图 4-43　ZH039　四川美姑大风顶、马边大风顶自然保护区示意图

4.5.1.40　贵州赤水桫椤、赤水原生林、四川画稿溪、古蔺黄荆自然保护区

（1）概况

图号：ZH040

现有面积：101 649 hm²

生态系统类型：亚热带常绿阔叶林生态系统

主要保护对象：桫椤等珍稀动植物及亚热带常绿阔叶林生态系统

（2）现状

赤水桫椤自然保护区位于贵州省赤水市境内，地理坐标为东经 105°57′～106°07′，北纬 28°20′～28°28′，面积 13 300 hm²，1984 年经赤水县人民政府批准建立，1992 年晋升为国家级自然保护区。

赤水原生林自然保护区位于贵州省赤水市境内，1990 年建立，总面积 28 000 hm²。

画稿溪自然保护区位于四川省叙永县境内，总面积 23 827 hm²。保护区于 1998 年经叙永县人民政府批准建立，1999 年晋升为省级自然保护区，2003 年晋升为国家级自然保护区。

古蔺黄荆自然保护区位于四川省古蔺县境内，2002 年建立省级自然保护区，总面积 36 522 hm²。

（3）建设理由

这四个保护区隔县界相接壤或距离不超过 5 km，应加强整合，或强化保护区规划和管理上的协调，作为同一生态系统进行整体保护。

该区域地处四川、云南、贵州三省交界处，四川盆地向云贵高原的过渡地带，森林覆盖率高，代表性植被为典型的亚热带常绿阔叶林，区内植被在海拔 700 m 以上为中亚热带湿润常绿阔叶林，在海拔 700 m 以下的沟谷中南热带沟谷雨林。区内动植物资源比较丰富，据初步调查，高等植物有 1 600 多种，其中国家重点保护植物有南方红豆杉、川南金花茶、桫椤、秃杉、福建柏等，尤其是桫椤在保护区内成片分布，面积达 533 hm^2，种群数量达 12 万株以上，为国内罕见。区内陆栖脊椎动物有 190 多种，其中国家 I 级重点保护野生动物有豹、云豹 2 种，国家 II 级重点保护野生动物有豺、短尾猴、大灵猫、斑羚等 10 余种。此外，区内奇特的丹霞地貌也具有重要的保护价值。

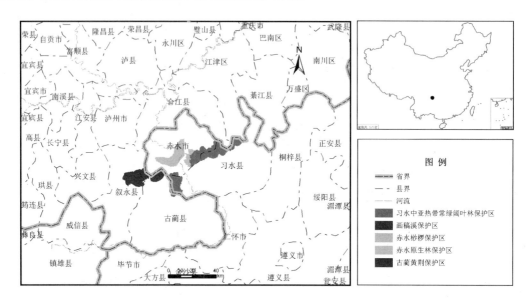

图 4-44　ZH040　贵州赤水桫椤、赤水原生林、四川画稿溪、古蔺黄荆自然保护区示意图

4.5.1.41　陕西佛坪、周至、太白山、长青、天华山、桑园、老县城、佛坪观音山、牛尾河、留坝摩天岭、黄柏塬自然保护区

（1）概况

图号：ZH041

现有面积：281 177 hm^2

生态系统类型：森林生态系统

主要保护对象：大熊猫、金丝猴珍稀动植物

（2）现状

佛坪自然保护区位于陕西省佛坪县境内，地理坐标为东经 107°40′～107°55′，北纬 33°33′～33°46′，面积 29 240 hm^2，1978 年经国务院批准建立，2004 年被联合国教科文组织列入"人与生物圈"保护区网。

周至自然保护区位于陕西省周至县境内，地理坐标为东经 107°39′～108°19′，北纬 33°41′～33°57′，面积 56 393 hm^2，1984 年经陕西省人民政府批准建立，1988 年晋升为国家级自然保护区。

太白山自然保护区位于陕西省太白、眉县、周至三县交界处，地理坐标为东经 107°22′～107°51′，北纬 33°49′～34°05′，面积 56 325 hm^2，1965 年经陕西省人民政府批准建立，1986 年晋升为国家级自然保护区。

长青自然保护区位于陕西省洋县境内，地理坐标为东经 107°19′～107°55′，北纬

33°17′～33°44′，面积 29 906 hm²，1994 年经陕西省人民政府批准建立，1995 年晋升为国家级自然保护区。

天华山自然保护区位于陕西省宁陕县境内，地理坐标为东经 108°02′～108°14′，北纬 33°30′～33°44′。保护区始建于 2002 年 8 月，由陕西省人民政府批准建立，2008 年晋升为国家级自然保护区，总面积为 25 485 hm²。

桑园自然保护区位于陕西省留坝县境内，地理坐标为东经 106°38′～107°18′，北纬 33°17′～33°53′2。保护区始建于 2002 年，由陕西省人民政府批准建立，2009 年晋升为国家级自然保护区，总面积为 13 806 hm²。

老县城自然保护区位于陕西省周至县境内，地理坐标为东经107°401′～107°49′，北纬 33°43′～33°57′。保护区始建于 1993 年，由陕西省人民政府批准建立，总面积为 12 611 hm²。

佛坪观音山自然保护区位于佛坪县境内，2002 年建立省级自然保护区，总面积为 13 534 hm²。

牛尾河自然保护区位于太白县境内，2004 年建立省级自然保护区，总面积 13 492 hm²。

留坝摩天岭自然保护区位于留坝县境内，2002 年建立省级自然保护区，总面积 8 520 hm²。

黄柏塬自然保护区位于周至县境内，2006 年建立省级自然保护区，总面积 21 865 hm²。

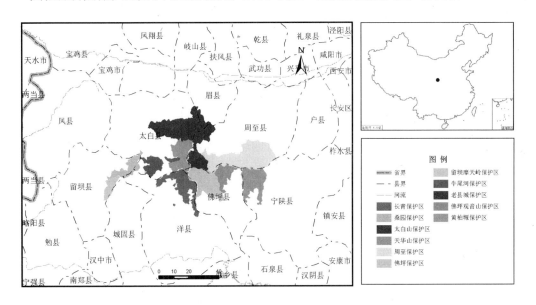

图 4-45　ZH041　陕西佛坪、周至、太白山、长青、天华山、桑园、老县城、佛坪观音山、牛尾河、留坝摩天岭、黄柏塬自然保护区示意图

（3）建设理由

这十一个保护区隔县界相接壤或距离不超过 5 km，应加强整合，或强化保护区规划和管理上的协调，作为同一生态系统进行整体保护。

秦岭山脉为我国南北气候和植物的分界线。本区地处秦岭中段南北两坡，位于秦岭腹地，是华北、华中、横断山脉植物区系的交汇过渡地带，具有东西承接，南北过渡的特点，植物种类复杂、资源丰富。高等植物有 2 000 余种，其中国家重点保护植物有连香树、独叶草、星叶草等 20 多种；脊椎动物有 270 多种，国家重点保护动物有大熊猫、羚牛、金丝猴、豹等 20 多种。本区为秦岭大熊猫的集中分布区，现有大熊猫 80 余只，约占秦岭大熊猫总数的 1/3，保留着一个相对完整和相对稳定的大熊猫繁殖群体，是当今最有价值的大熊猫分布区之一。在海拔 1 500 m 以上的落叶阔叶林与针叶阔叶林混交林中，分布着 14 群，总数为 1 500 只的金丝猴，是我国金丝猴种群数量最多、分布最集中的地区。

4.5.1.42　甘肃太统—崆峒山、宁夏六盘山自然保护区

（1）概况

图号：ZH042

现有面积：44 919 hm²

生态系统类型：温带落叶阔叶林生态系统

主要保护对象：温带落叶阔叶林生态系统及珍稀动植物

（2）现状

太统—崆峒山自然保护区位于甘肃省平凉市境内，总面积 18 252 hm²。保护区于 1982 年经甘肃省人民政府批准建立，2005 年晋升为国家级自然保护区。

六盘山自然保护区位于宁夏回族自治区固原、隆德、西吉、海原和泾源五县交界处，地理坐标为东经 105°30′～106°30′，北纬 34°30′～36°30′，面积 26 667 hm²，1982 年经宁夏回族自治区人民政府批准建立，1988 年晋升为国家级自然保护区。

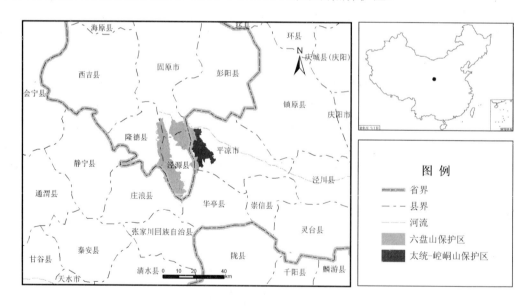

图 4-46　ZH042　甘肃太统—崆峒山、宁夏六盘山自然保护区示意图

（3）建设理由

这两个保护区隔省界相接壤，应加强整合，或强化保护区规划和管理上的协调，对整个自然生态系统进行统一管理。

该区域地处西北内陆，位于六盘山山脉山地地貌与其东部黄土丘陵地貌单元内，地貌以中山山地为主，溪流众多，河网密布，是黄河支流清水河、泾河和葫芦河的发源地。区内植物成分主要属于华北区系，地带性植被为草甸草原和落叶阔叶林，具有明显的古老性、

过渡性和复杂性等特点。据调查，共有维管束植物 780 多种，属国家重点保护的野生植物
4 种；陆生脊椎动物 200 多种，其中列入国家 I 级重点保护的野生动物有金雕、豹等 4 种，
国家 II 级重点保护的有大天鹅、大鲵、林麝、红腹锦鸡、红隼、勺鸡等 17 种。该区域不
仅保护着典型的山地森林生态系统，还保存着丰富的野生动植物种类，而且是黄土高原中
少有的石质中山地区和泾河流域主要的水源涵养林区，具有重要的科学价值和生态价值。

4.5.1.43　甘肃小陇山、陕西屋梁山、宝峰山自然保护区

（1）概况

图号：ZH043

现有面积：75 107 hm^2

生态系统类型：森林生态系统

主要保护对象：扭角羚等珍稀动物及其生境

（2）现状

小陇山自然保护区位于甘肃省徽县和两当县境内，总面积为 31 938 hm^2。1982 年由甘
肃省人民政府批准建立省级自然保护区，2006 年晋升为国家级自然保护区。

屋梁山自然保护区位于陕西省凤县境内，地理坐标为东经 106°36′~106°50′，北纬
33°38′~33°43′。保护区始建于 1982 年，由陕西省人民政府批准建立，总面积为 13 684 hm^2。

宝峰山自然保护区位于陕西省略阳县境内，2002 年建立省级自然保护区，总面积
29 485 hm^2。

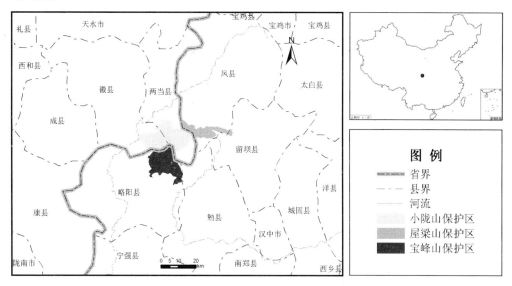

图 4-47　ZH043　甘肃小陇山、陕西屋梁山、宝峰山自然保护区示意图

（3）建设理由

这三个保护区隔县界相接壤或距离不超过 5 km，应加强整合，或强化保护区规划和管
理上的协调，作为同一生态系统进行整体保护。

该区域地处秦岭山脉的西段，属秦岭地槽褶皱系印支地槽褶皱带，是秦岭山系中最晚
发生褶皱形成山地的地区之一，地貌属深切割地垒式中山地貌。区内植被可分为 4 个植被

型组、11 个植被型、16 个植被亚型和 28 个群系。种子植物有 1 250 多种，国家Ⅰ级重点保护野生植物有红豆杉，国家Ⅱ级重点保护野生植物有秦岭冷杉、大果青杆、水青树、水曲柳、星叶草等 12 种；脊椎动物有 300 多种，国家Ⅰ级重点保护动物有扭角羚、金雕、云豹和豹 4 种，国家Ⅱ级重点保护动物有大灵猫、苍鹰、雀鹰、红脚隼、红隼、勺鸡等 28 种。该区域是扭角羚秦岭亚种的集中分布区，也是保护秦岭扭角羚最关键的地区，具有极高的保护价值。

4.5.1.44　甘肃安南坝野骆驼、敦煌西湖、敦煌阳关、新疆罗布泊自然保护区

（1）概况

图号：ZH044

现有面积：8 944 178 hm²

生态系统类型：荒漠、湿地生态系统

主要保护对象：野骆驼等珍稀动物

（2）现状

安南坝野骆驼自然保护区位于甘肃省阿克塞哈萨克族自治县境内，总面积为 396 000 hm²。1982 年由甘肃省人民政府批准成立省级自然保护区，2006 年晋升为国家级自然保护区。

敦煌西湖自然保护区位于甘肃省敦煌市境内，总面积 660 000 hm²。保护区始建于 1992 年，2001 年由甘肃省人民政府确认为省级自然保护区，2003 年晋升为国家级自然保护区。

敦煌阳关自然保护区位于甘肃省敦煌市境内，地理坐标为东经 93°55′～94°05′，北纬 39°50′～40°03′。保护区始建于 1992 年，由甘肃省人民政府批准建立，2009 年晋升国家级自然保护区，总面积为 88 178 hm²。

罗布泊野骆驼自然保护区位于新疆维吾尔自治区巴音郭楞蒙古自治州、吐鲁番地区和哈密地区境内，总面积 7 800 000 hm²。保护区于 1986 年经新疆维吾尔自治区人民政府批准建立，2003 年晋升为国家级自然保护区。

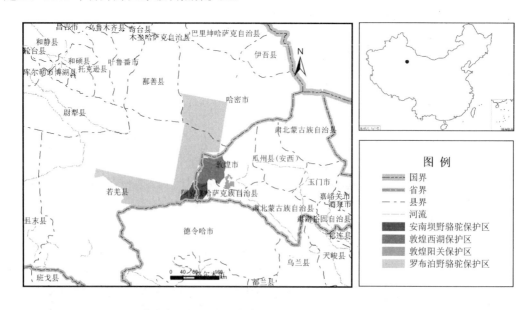

图 4-48　ZH044　甘肃安南坝野骆驼、敦煌西湖、敦煌阳关、新疆罗布泊自然保护区示意图

（3）建设理由

这四个保护区隔县界相接壤或距离不超过 5 km，应加强整合，或强化保护区规划和管理上的协调，作为同一生态系统进行整体保护。

该区域包括阿尔金山部分、罗布泊极端干旱荒漠区和敦煌盆地。受阿尔金山和西祁连山雪山融水的补给，区内还发育大面积的湿地，是我国西北地区面积较大的芦苇沼泽之一。区内共有种子植物 100 多种，分布有较大面积的胡杨林以及梭梭林、骆驼刺、骆驼蓬、白刺等群落，以超旱生、旱生和耐寒性植物为主，具有极干旱荒漠生态系统的典型性和代表性。脊椎动物有 120 多种，国家 I 级重点保护动物有野骆驼、藏野驴、金雕、雪豹、白肩雕、白尾海雕和胡兀鹫 7 种，国家 II 级重点保护动物有岩羊、盘羊、藏原羚、棕熊、豺、红隼、西藏雪鸡等 22 种。目前，全世界野骆驼种群数量总数不到 1 000 只，现今欧亚大陆仅存的骆驼野生种群分布于此区域。因此，该区域是世界性濒危动物野骆驼的最重要分布区，对保护野骆驼及其生境具有极为重要的作用。

4.5.1.45　甘肃安西极旱荒漠、盐池湾自然保护区

（1）概况

图号：ZH045

现有面积：2 160 000 hm^2

生态系统类型：荒漠生态系统

主要保护对象：荒漠生态系统及珍稀动植物

（2）现状

安西极旱荒漠自然保护区位于甘肃省瓜州县境内，地理坐标为东经 95°45′～96°51′，北纬 39°50′～41°53′，面积 800 000 hm^2，1987 年经甘肃省人民政府批准建立，1992 年晋升为国家级自然保护区。

盐池湾自然保护区位于甘肃省肃北蒙古族自治县境内，总面积为 1 360 000 hm^2。保护区于 1982 年由甘肃省人民政府批准建立，2001 年由甘肃省人民政府批准扩建，2006 年晋升为国家级自然保护区。

（3）建设理由

这两个保护区隔县界相接壤或距离不超过 5 km，应加强整合，或强化保护区规划和管理上的协调，尤其是安西极旱荒漠自然保护区的两部分之间应该建立生态廊道，作为同一生态系统进行整体保护。

该区域地处青藏高原北缘、祁连山西段的高山地带，植被类型主要为高寒草原植被和荒漠植被，以草甸草原为主，共有高等植物 300 多种。脊椎动物有 150 多种，国家 I 级重点保护动物有雪豹、藏野驴、野牦牛、玉带海雕、金雕、白肩雕、黑颈鹤、白尾海雕和胡兀鹫等 10 种，国家 II 级重点保护动物有马鹿、岩羊、盘羊、藏原羚、棕熊、大天鹅、红隼、西藏雪鸡等 25 种。该区域不仅是高山有蹄类的集中分布区之一，还是重要的水源涵养区，生态环境非常脆弱，在荒漠地区生物多样性的保护、研究及合理利用方面具有重要价值。

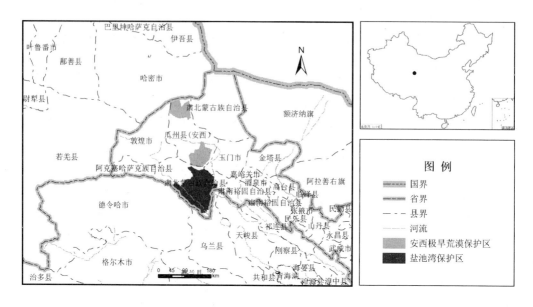

图 4-49　ZH045　甘肃安西极旱荒漠、盐池湾自然保护区示意图

4.5.1.46　新疆甘家湖梭梭林、艾比湖湿地自然保护区

（1）概况

图号：ZH046

现有面积：321 752 hm²

生态系统类型：荒漠、湿地生态系统

主要保护对象：荒漠、湿地生态系统及梭梭林等珍稀动植物

（2）现状

甘家湖梭梭林自然保护区位于新疆维吾尔自治区乌苏市和精河县境内，总面积 54 667 hm²，保护区于 1983 年经新疆维吾尔自治区人民政府批准建立，2001 年晋升为国家级自然保护区。

艾比湖湿地自然保护区位于新疆博尔塔拉蒙古自治州精河县、博乐市、阿拉山口口岸管理区境内，地理坐标为东经 82°36'～83°50'，北纬 44°37'～45°15'，总面积 267 085 hm²。保护区于 2000 年经新疆维吾尔自治区人民政府批准建立，2007 年晋升国家级自然保护区。

（3）建设理由

这两个保护区隔省界相接壤，应加强整合，或强化保护区规划和管理上的协调，对整个自然生态系统进行统一管理。本区地处准噶尔盆地西南的艾比湖洼地，有新疆最大的咸水湖——艾比湖，同时还是北疆西部主要河流的尾闾及地下水汇集中心，与我国第二大沙漠古尔班通古特沙漠相连，处在我国西部最大的气流入口——阿拉山口大风通道区。区内荒漠地貌类型齐全，生态系统多样，植被类型主要是以白梭梭、梭梭为主的荒漠林，并有较大面积的芦苇沼泽湿地，是白梭梭在我国的唯一分布区。据初步调查，该区内有种子植物 380 多种，其中具有较高药用价值的植物有肉苁蓉、锁阳、罗布麻、苏枸杞等；陆栖脊椎动物有 160 多种，属于国家重点保护的野生动物有黑鹳、波斑鸨、马鹿、鹅喉羚等 30

多种。该区域还是我国西部鸟类最重要的迁徙地、繁殖地、栖息地，每年均有 100 多万只各种鸟类在此栖息，同时还有卤虫虫体这一重要的生物资源，对维持荒漠绿洲生态平衡，防止荒漠化等具有十分明显的作用。

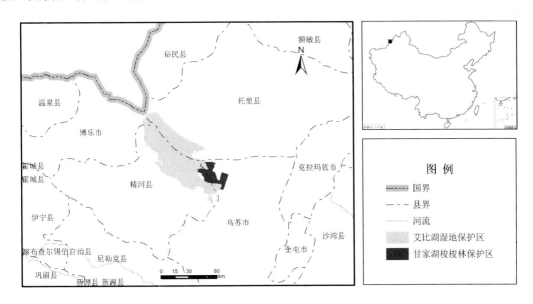

图 4-50　ZH046　新疆甘家湖梭梭林、艾比湖湿地自然保护区示意图

4.5.2　建议新建国家级自然保护区的区域

目前，已建的自然保护区已覆盖了大部分需要保护的典型自然生态系统，但是由于种种原因，许多地方级自然保护区内虽然拥有重要的生态系统或珍稀濒危物种却得不到足够的保护。因此，建议新建的国家级自然保护区主要用于填补目前已建国家级自然保护区系统的空白。对于这些地区，在已建自然保护区的基础上利用地理信息系统技术提出新建国家级自然保护区的形状和范围的建议。建议的原因如下：

（1）属国家重点保护物种保护空缺区域，即濒危物种最重要生境的保护区或区域，但未包括在国家级自然保护区系统内；

（2）具有丰富的生物多样性的保护区或区域，但未包括在国家级自然保护区系统内；

（3）具有关键的自然生态系统的保护区或区域，但目前尚未建立国家级自然保护区。

表 4-2　建议新建的国家级自然保护区列表　　　　　　　　　　　单位：hm²

序号	保护区名称	总面积
1	黑龙江新青白头鹤	62 567
2	浙江韭山列岛	114 950
3	福建闽清黄楮林	13 511
4	广东海丰公平大湖鸟类	12 000
5	广东石门台、罗坑鳄蜥	110 000
6	广西崇左白头叶猴	35 148

序号	保护区名称	总面积
7	重庆大风堡	21 817
8	四川格西沟	22 896
9	云南澄江帽天山	1 800
10	云南碧塔海	14 181
11	云南铜壁关	34 158
12	西藏纳木错	1 099 796
13	青海柴达木梭梭林、诺木洪、克鲁克湖—托素湖	500 000
14	新疆卡拉麦里	1 589 958
15	新疆布尔根河狸	5 000
16	新疆夏尔西里	31 400

4.5.2.1 黑龙江新青白头鹤自然保护区

（1）概况

图号：XJ001

现有面积：62 567 hm^2

生态系统类型：森林、湿地生态系统

主要保护对象：白头鹤等珍稀动植物及森林、湿地生态系统

（2）现状

新青白头鹤自然保护区位于黑龙江省伊春市新青区，地理坐标为东经 129°58′~130°23′，北纬 41°19′~48°41′。保护区始建于 2004 年，2005 年晋升为省级自然保护区。

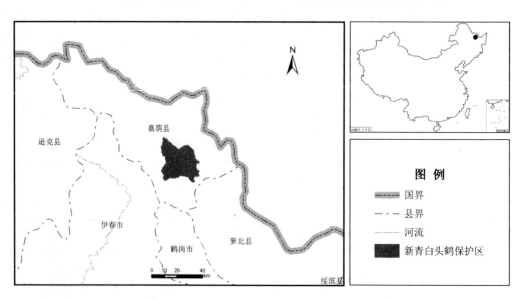

图 4-51　XJ001　黑龙江新青白头鹤自然保护区示意图

（3）建设理由

保护区位于小兴安岭北坡，区内山峦起伏，河流纵横，地形较为复杂，基本形成西北和东南两侧较高而中部较低的丘陵地貌。植物区系属泛北极植物区中国—日本森林植物区，长白植物亚区，小兴安岭北部区，是北方红松林的典型代表。区内分布有河流、湖泊、森林、灌丛、草甸、沼泽等多种景观类型，其中湿地面积占保护区总面积的 **44%**，具有丰富的生物多样性。据统计，该区有植物 1 011 种，其中有红松、浮叶慈姑等国家Ⅱ级重点保护植物 7 种；脊椎动物 330 多种，有国家Ⅰ级重点保护动物紫貂、原麝、白头鹤等 6 种，国家Ⅱ级重点保护动物驼鹿、棕熊等 42 种。该区是白头鹤、驼鹿等濒危动物的集中分布区，对于保护森林、湿地生态系统和生物多样性具有重要意义。

4.5.2.2　浙江韭山列岛自然保护区

（1）概况

图号：XJ002

现有面积：114 950 hm^2

生态系统类型：海洋生态系统

主要保护对象：海洋生态系统

（2）现状

韭山列岛自然保护区位于浙江省宁波市象山县爵溪镇境内，地处舟山群岛最南端，是浙江中部沿海的一个著名列岛，东濒东海，西隔牛鼻山水道与大陆相对，地理坐标为东经 122°09′~122°15′，北纬 29°22′~29°28′。保护区始建于 1998 年，由浙江省人民政府批准建立。

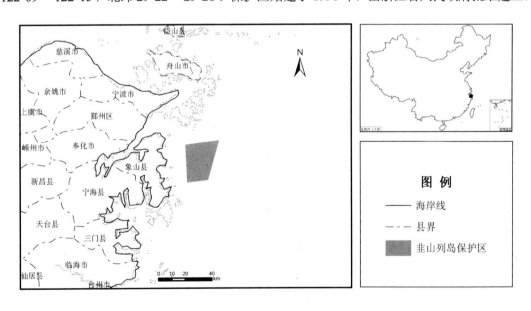

图 4-52　XJ002　浙江韭山列岛自然保护区示意图

（3）建设理由

韭山列岛由 76 个岛礁组成（其中岛屿 28 个，礁 48 个），较大的岛除主岛南韭山岛外，还有积谷山、蚊虫山、上竹山等 8 个，呈东北—西南向排列，南北长 11.5 km，东西宽 10 km。

保护区地处亚热带气候区，岛屿面积适宜，植被良好，种类繁多，岛上植被以野桐灌丛为主，还有黑松针叶林等，具有观赏和药用价值的野生植物主要有天南星、石蒜、金银花、黄精、百合、水仙、紫藤等。保护区由于正处于候鸟南北迁徙路线上，区内鸟类资源比较丰富，根据初步调查，共有水鸟约 54 种。保护区海域是多种流系交汇产生的多变的温盐水体，内陆径流带来丰富的营养盐类，为海洋生物洄游、索饵、栖息和繁衍创造了良好的生态环境，大黄鱼、鲳鱼、带鱼、梭子蟹、牡蛎、紫菜、马尾藻、裙带菜等十分丰富，特别是在该区域及周边海域形成了较大江豚种群的分布。韭山列岛自然保护区自然条件优越，自然资源丰富，保护了种类繁多的海洋生物资源，是开展海洋生态系统及海洋生物多样性研究和科普教育的重要基地，具有较高的保护价值。

4.5.2.3 福建闽清黄楮林自然保护区

（1）概况

图号：XJ003

现有面积：13 511 hm²

生态系统类型：森林生态系统

主要保护对象：黄楮林及珍稀动植物

（2）现状

闽清黄楮林自然保护区位于福建省闽清县境内，地理坐标为东经 118°40′，北纬 26°18′。保护区始建于 1986 年 8 月，由福建省人民政府批准建立。

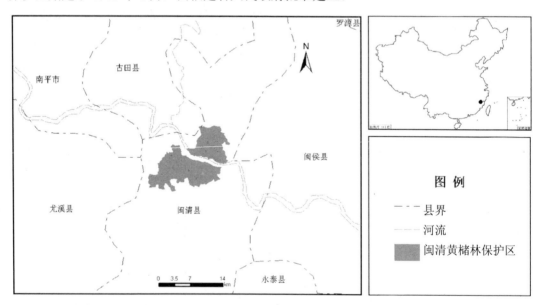

图 4-53　XJ003　福建闽清黄楮林自然保护区示意图

（3）建设理由

闽清黄楮林自然保护区位于闽江之滨的白云山麓雄江段界，海拔高程在 100～595 m，地势陡峭，自然条件复杂。土壤主要为酸性岩发育的红壤。本区气候温暖湿润，年平均气温为 17.5℃，年平均降雨量 1 570 mm。黄楮隶属于壳斗科的一种高大乔木，是福建省优良树种之一，木材坚硬，是造船、建筑、桥梁和国防工业的重要资源。黄楮林是世界稀有树种，在我国主要分布于福建、广东、广西、湖南、江西，极有观赏价值。本区黄楮林是天然的中、幼林，林中还伴生有米楮、枫香等。保护区良好的生态环境也为众多野生动物提供了理想的栖息和活动场所，区内发现的珍稀禽类有黑脸琵鹭、鸬鹚等。

4.5.2.4 广东海丰公平大湖鸟类自然保护区

（1）概况

图号：XJ004

现有面积：12 000 hm²

生态系统类型：湿地生态系统

主要保护对象：珍稀鸟类及湿地生态系统

（2）现状

海丰公平大湖鸟类自然保护区位于广东省汕尾市海丰县境内，公平片位于东经 115°22′33″~115°28′47″，北纬 23°2′37″~23°2′25″；大湖片位于东经 115°31′~115°37′，北纬 22°50′~22°52′30″。保护区 1998 年由广东省人民政府批准建立，被列入"国际重要湿地"。

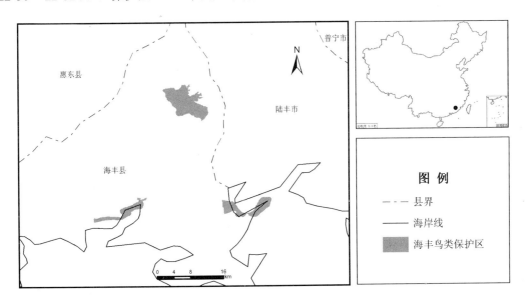

图 4-54 XJ004 广东海丰公平大湖鸟类自然保护区示意图

（3）建设理由

保护区地处广东沿海地带，由同属于黄江河流域的三块区域组成，其中公平区位于黄江河的上游，东关联安围和大湖区分别是黄江河的两个入海口所在地。在湿地类型、水文状况、水鸟种类、植被类型等方面具有互补性，共同构成了复杂多样的复合湿地生态系统，包括沙质海岸、淤泥质海岸、河口湿地、红树林湿地、库塘湿地、芦苇沼泽等类型。区内有植物 400 多种，鱼类 100 多种，为雁鸭类、鸥类、鹭类等水禽提供了丰富的栖息环境和食物，是多种珍稀鸟类的重要栖息地，共记录到的鸟类 163 种，其中国家重点保护鸟类有黑鹳、海鸬鹚、白琵鹭等 26 种，分布着黑脸琵鹭 50 多只和卷羽鹈鹕 20 多只，约占全球数量的 3%。保护区位于亚太地区南中国海水鸟迁徙通道上，每年冬季数以万计的越冬候鸟在此越冬，是东亚—澳大利亚候鸟迁徙路线的重要组成部分，对生物多样性保护、促进区域社会经济可持续发展具有重要意义。

4.5.2.5 广东石门台、罗坑鳄蜥自然保护区

（1）概况

图号：XJ005

现有面积：110 000 hm²

生态系统类型：常绿阔叶林生态系统

主要保护对象：常绿阔叶林生态系统及鳄蜥等珍稀动植物

（2）现状

石门台自然保护区位于广东省英德市境内，地理坐标为东经 113°01′～113°46′，北纬 224°17′～24°31′，面积 82 260 hm²，保护区 1998 年由广东省人民政府批准建立。

罗坑鳄蜥自然保护区位于广东省韶关市曲江区境内，面积 20 424 hm²，保护区 1998 年由广东省人民政府批准建立。

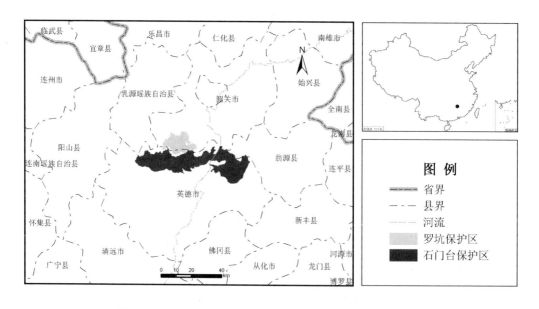

图 4-55　XJ005　广东石门台、罗坑鳄蜥自然保护区示意图

（3）建设理由

保护区地处南岭山脉最南端，区内地层古老，受各种地质构造运动的影响以及海侵、海退、降水和风力等作用，形成了高低不同，形态不一的地貌，其中包括山峰、台地、断裂构造、峡谷、岩洞、地下河、湍流、瀑布等特殊地貌。本区气候属于热带季风气候，处于南亚热带向中亚热带过渡地带，年平均气温为 20.9℃，最冷月 1 月平均气温为 11℃，最热月 7 月平均气温为 28.9℃，年平均降水量为 1 882.8 mm，无霜期约 319 d。区内植被主要有常绿阔叶林、山地常绿阔叶林、针阔叶混交林、竹林、山地矮林、灌丛和草坡等。根据初步调查统计，区内共有高等植物 2 200 多种，国家重点保护植物有伯乐树、桫椤、水蕨、

金毛狗、福建柏等 17 种。区内野生动物也很丰富，共有 300 多种，国家 I 级重点保护动物有鳄蜥、豹、林麝等 6 种，国家 II 级重点保护动物虎纹蛙、三线闭壳龟、大鲵、水獭、穿山甲、燕隼、白鹇等 30 多种，尤其是分布有目前国内已知最大的野生鳄蜥种群。保护区地理位置独特，自然条件优越，具有丰富的生物多样性以及较高的科学研究价值和保护价值。

4.5.2.6　广西崇左白头叶猴自然保护区

（1）概况

图号：XJ006

现有面积：35 148 hm^2

生态系统类型：石灰岩季节雨林生态系统

主要保护对象：白头叶猴、黑叶猴、猕猴等珍稀动物及其生境

（2）现状

崇左白头叶猴自然保护区位于广西壮族自治区崇左市中部，地理坐标为东经 107°22′～107°33′，北纬 22°24′～22°46′。保护区始建于 1980 年，由广西壮族自治区人民政府批准建立省级自然保护区。

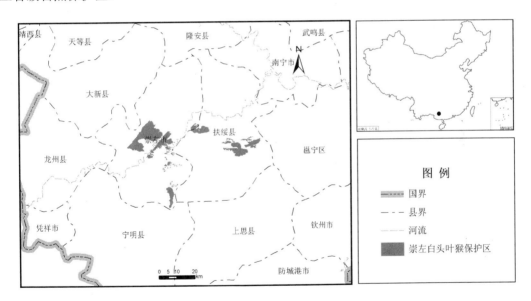

图 4-56　XJ006　广西崇左白头叶猴自然保护区示意图

（3）建设理由

保护区地层为石灰岩和部分砂页岩，地貌属于石山峰丛洼地，峰林谷地和河谷平地及丘陵地，石山山峰一般海拔为 400～600 m，河谷平地丘陵海拔为 100～300 m，主要河流左江从保护区西南流向西北。典型植被为石灰岩季节雨林，主要树种为蚬木、肥牛树、蝴蝶果、弄岗金花茶等。保护区内野生动物主要有白头叶猴、黑叶猴、林麝、鬣羚、大灵猫、小灵猫、猕猴、穿山甲、蟒蛇、野猪、豹猫、獾等，根据初步调查，区内共有白头叶猴 130 多只，黑叶猴 420 多只，猕猴 440 多只，林麝 60 多只，大灵猫 170 多只。崇左白头叶猴自然保护区

内森林约有 2 200 hm²，森林覆盖率约 11.87%，植被保存较好，为野生动物栖息提供了优越的环境，野生动物资源丰富，尤其以珍稀濒危的白头叶猴和黑叶猴数量较多，是重要的物种资源基因库，是开展物种保护研究、教学实习的理想基地，具有重要的保护价值。

4.5.2.7 重庆大风堡自然保护区

（1）概况

图号：XJ007

现有面积：21 817 hm²

生态系统类型：亚热带森林生态系统

主要保护对象：荷叶铁线蕨、水杉等濒危动植物及亚热带森林生态系统

（2）现状

大风堡自然保护区位于重庆市石柱县东北部，是三峡库区的腹心地带，地理坐标为东经 108°28′～108°51′，北纬 30°09′～30°30′。保护区始建于 1990 年，由石柱县人民政府批准建立县级自然保护区，2001 年由重庆市人民政府批准晋升为省级自然保护区。

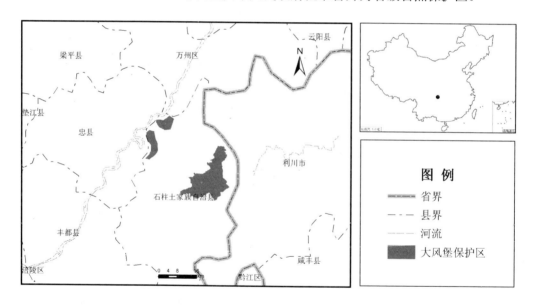

图 4-57 XJ007 重庆大风堡自然保护区示意图

（3）建设理由

保护区属于川东褶皱带巫山大娄山地区，山岭连绵，峰峦叠嶂，峡谷深切，最高峰大风堡海拔 1 934 m，最低海拔 900 m，相对高差 1 034 m。保护区地处中亚热带和北亚热带的过渡地带，森林植被主要为亚热带常绿阔叶林、亚热带常绿落叶阔叶混交林、亚热带落叶阔叶林等，区内复杂多样的山地地形以及优越的自然条件孕育了丰富的生物多样性。根据调查统计，全区共有维管束植物 194 科 919 属 2 182 种，其中蕨类植物 35 科 80 属 211 种，裸子植物 8 科 16 属 24 种，被子植物 151 科 823 属 1 947 种，国家 I 级重点保护植物有荷叶铁线蕨、银杏、水杉、红豆杉、南方红豆杉、莼菜和珙桐 7 种，国家 II 级重点保护植物有凹叶厚朴、鹅掌楸、八角莲、水青树、金荞麦等 46 种。区内野生动物资源也很丰

富，共有陆生野生动物 329 种，其中两栖类 20 种，爬行类 28 种，鸟类 197 种，兽类 84 种，国家重点保护动物有金雕、林麝、云豹、黑鹳、大灵猫、苍鹰等 42 种。大风堡自然保护区地形陡峭，地势复杂，独特的地理位置和自然条件，使其成为众多珍稀濒危物种的避难所，生物多样性非常丰富，保护区是活化石水杉原生母树和原生群落的所在地和我国荷叶铁线蕨的唯一原生地，对于研究古植物、古地理、地质学以及古老植物系统发育具有重要意义，同时，保护区还保护了三峡库区最大、最完整、最原始的亚热带森林生态系统，具有重要的保护价值。

4.5.2.8　四川格西沟自然保护区

（1）概况

图号：XJ008

现有面积：22 896 hm²

生态系统类型：亚热带常绿阔叶林生态系统

主要保护对象：大绯胸鹦鹉、黑麂等珍稀动物及其生境

（2）现状

格西沟自然保护区位于四川省甘孜州雅江县河口镇境内，北部与雅江县曲喀乡相临，西北与理塘县接壤，地理坐标为东经 100°51′15″～101°00′13″，北纬 29°52′30″～30°05′30″，1995 年建立省级自然保护区。

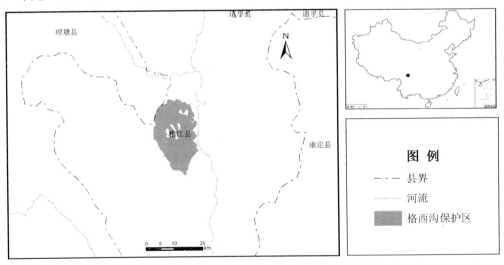

图 4-58　XJ008　四川格西沟自然保护区示意图

（3）建设理由

保护区地处松潘—甘孜褶皱系巴颜喀拉印支地槽褶皱带雅江腹向斜带核心部分，地势上三面高山环抱，西部、南部和北部较高，东部较低，海拔为 2 800～4 702 m，山体高大，地势险峻，河流深切，谷岭高差悬殊，地貌以中山和高山为主，冰川作用明显，冰斗、角峰、冰蚀湖等地貌较多。植物区系成分复杂，以温带成分为主，区系起源古老，特有性和过渡性较高，主要植被类型包括亚高山落叶阔叶林、亚热带山地硬叶常绿阔叶林、亚高山常绿针叶林、亚高山落叶针叶林、高山灌丛、草甸和流石滩植被等。根据初步调查统计，

全区共有高等植物 82 科 248 属 394 种，其中苔藓植物 9 科 11 属 14 种，蕨类植物 10 科 18 属 26 种，裸子植物 3 科 6 属 10 种，被子植物 60 科 213 属 344 种。保护区内野生动物资源也非常丰富，共有兽类 6 目 16 科 42 种，鸟类 13 目 34 科 143 种，两栖动物 2 目 4 科 5 种，爬行类 1 目 2 科 2 种，鱼类有 1 目 2 科 4 种，国家 I 级重点保护动物有豹、林麝、马麝、绿尾虹雉、金雕等，国家 II 级重点保护动物有大绯胸鹦鹉、血雉、红隼、藏酋猴、黑熊、马熊等。保护区地理位置特殊，位于全球生物多样性热点地区，动物地理位于古北界和东洋界的分界线上，孕育了丰富的野生动植物资源，区系以高寒种类、古老种、特有种和珍稀种类居多，是开展物种多样性研究的理想基地，具有重要的科学研究价值和保护价值。

4.5.2.9　云南澄江帽天山自然保护区

（1）概况

图号：XJ009

现有面积：1 800 hm^2

类型：古生物遗迹

主要保护对象：古生物化石遗迹

（2）现状

帽天山省级自然保护区 1997 年建立，位于云南省玉溪市澄江县（凤麓镇）县城东边 6 km 处，所谓地球生命的"寒武纪大爆发"指的就是这里。地理坐标为东经 102°58′9″～102°59′13″，北纬 24°39′19″～24°39′53″。

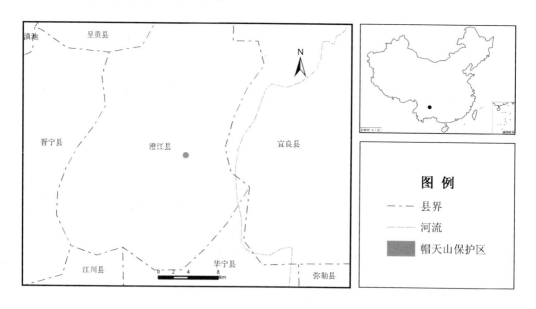

图 4-59　XJ009　云南澄江帽天山自然保护区示意图

（3）建设理由

帽天山位于澄江坝子的东面，因形如一顶草帽而得名。1984 年 7 月，南京地质古生物研究所研究员侯先光在帽天山发现纳罗虫化石，经确认为距今 5.3 亿年的无脊椎动物化石，是当今世界最古老、最完整的软体化石，其中有奇虾、云南虫等。1987 年 4 月，我国正式向世界公布在澄江发现古生物化石群，这一消息轰动了地质古生物界，成为 20 世纪的惊人发现。随后，古生物学家对帽天山采集的 3 万余块寒武纪早期动物化石标本进行研究分类，共发现化石点 30 余处，共有 40 余个门类，100 余种古生物化石，涵盖了现代生物的各个门类，还发现多种过去曾大量存在现已灭绝的动物新种，已超出现有动物分类体系，为研究地球生命史提供了重要的依据。帽天山被称为"世界古生物的圣地"，编入了联合国《全球地质遗址预选名录》，成为"代表地球的重要历史阶段并包括生命记录突出的模式"，在研究生物进化史上有重要的科学价值。

4.5.2.10　云南碧塔海自然保护区

（1）概况

图号：XJ010

现有面积：14 181 hm^2

生态系统类型：生态系统

主要保护对象：高山针叶林、高原湖泊及野生动物

（2）现状

碧塔海自然保护区位于云南省迪庆藏族自治州香格里拉县境内，地理坐标为东经 99°35′43″～100°08′09″，北纬 27°46′35″～27°57′25″。保护区始建于 1982 年，由中甸县人民政府批准建立，1984 年经云南省人民政府批准晋升为省级自然保护区。

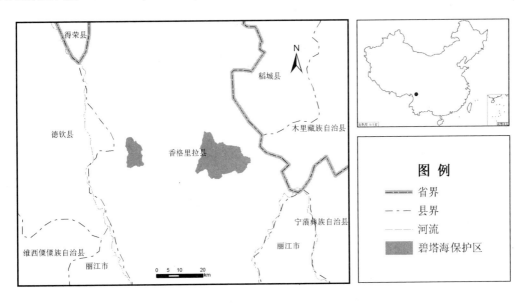

图 4-60　XJ010　云南碧塔海自然保护区示意图

（3）建设理由

保护区地貌形态比较复杂，具有冰川地貌、流水地貌、湖成地貌、喀斯特地貌、构造地貌等地貌类型及其组合。中甸高原处于青藏高岩东南缘横断山脉三江纵谷区东部，境内降水丰富，形成了众多的洼地、盆地、溶洞和落水洞等，河流纵横、湖泊、沼泽、草甸广布，属于以湖泊为中心的高原湿地生态系统。植被类型丰富多样，主要分为硬叶常绿阔叶

林、落叶阔叶林、温性针叶林、灌丛、草甸和湖泊水生植被等。根据初步调查统计，全区共有野生维管束植物 165 科 613 属 2 408 种，其中蕨类植物 25 科 45 属 133 种，裸子植物 4 科 9 属 20 种，被子植物 136 科 559 属 2 255 种，国家重点保护植物有云南红豆杉、云南椤树、油麦吊云杉、松茸等 8 种。本区动物成分以东洋界区系为主，同时兼有古北界动物区系成分，两种成分交叉过渡现象十分突出，动物垂直分布明显，全区共有脊椎动物 28 目 70 科 279 种，其中兽类 7 目 23 科 67 种，鸟类 16 目 38 科 171 种，爬行类 1 目 5 科 11 种，两栖类 2 目 5 科 13 种，鱼类 2 目 4 科 17 种，昆虫约 493 种，国家重点保护动物有黑颈鹤、黑鹳、大天鹅、灰鹤、白尾海雕等。碧塔海自然保护区分布海拔高，完好保存了高原湿地生态系统及高山、亚高山寒温性原始针叶林，孕育了丰富多样的珍稀濒危野生动植物，是我国特有植物中心和生物多样性最丰富的区域之一，其纳帕海部分被列入"国际重要湿地"，具有重要的科学研究价值和保护价值。

4.5.2.11　云南铜壁关自然保护区

（1）概况

图号：XJ011

现有面积：34 158 hm^2

生态系统类型：森林生态系统

主要保护对象：印缅季雨林及亚洲象、长臂猿等野生动植物

（2）现状

铜壁关自然保护区位于云南省德宏傣族景颇族自治州境内，地处中缅边界，地理坐标为东经 97°31′40″～98°05′35″，北纬 23°54′30″～24°40′48″。保护区始建于 1987 年，由云南省人民政府批准建立。

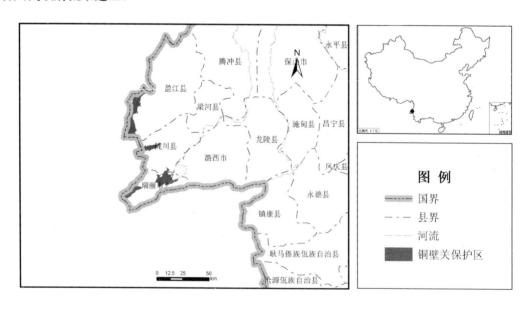

图 4-61　XJ011　云南铜壁关自然保护区示意图

（3）建设理由

保护区位于云南横断山地西侧向缅甸境内的伊洛瓦底江平原过渡的斜坡地带，地势东北高，西南低，河流下切和侵蚀强烈，地面沟谷纵横，起伏巨大，地貌属于低中山至亚高山类型。保护区山体高差巨大，植被类型多样，从低海拔到高海拔，依次发育了季节雨林、热带季雨林、热带山地雨林、南亚热带季风常绿阔叶林、中山湿性常绿阔叶林、竹林、灌丛和草丛等 7 个植被型。根据初步调查统计，全区共有种子植物 214 科 1 229 属 3 475 种，其中裸子植物 4 科 4 属 6 种，被子植物 210 科 1 225 属 3 469 种，国家珍稀濒危物种有桫椤、鹿角蕨、版纳粗榧、篦齿苏铁、疣粒野生稻、水青树、云南石梓、领春木、红花木莲等。保护区野生动物也十分丰富，共有兽类 10 目 32 科 151 种，鸟类 18 目 51 科 382 种，两栖类 2 目 9 科 41 种，爬行类 2 目 11 科 57 种，鱼类 5 目 10 科 39 种，国家重点保护动物有白眉长臂猿、蜂猴、印度野牛、小熊猫、黑鹳、黑颈长尾雉、灰孔雀雉、绿孔雀、原鸡、赤颈鹤等。铜壁关自然保护区自然条件优越，生境类型多样，植被保存完好，其中包括我国迄今为止面积最大的龙脑香林，孕育了丰富多样的野生动植物，是一个重要的珍稀濒危物种资源库和博物馆，是开展生物多样性保护的基地之一，具有重要的科研价值和保护价值。

4.5.2.12　西藏纳木错自然保护区

（1）概况

图号：XJ012

现有面积：1 099 796 hm²

生态系统类型：高原湖泊、沼泽湿地生态系统

主要保护对象：高原湖泊、沼泽湿地生态系统及野生动植物

（2）现状

纳木错自然保护区位于西藏自治区拉萨市当雄县和那曲地区班戈县境内，地理坐标为东经 89°30′~91°25′，北纬 30°00′~31°10′。保护区始建于 2001 年，由西藏自治区人民政府批准建立。

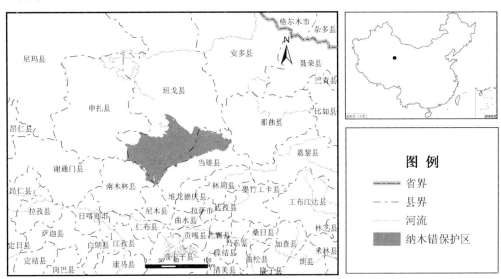

图 4-62　XJ012　西藏纳木错自然保护区示意图

（3）建设理由

保护区地处青藏高原，位于冈底斯山—念青唐古拉山一线以北的藏北高原的东南端，地势南高北低，南部是高峻的冈底斯山脉和念青唐古拉山脉，北边是起伏较小的藏北高原丘陵，平均海拔 5 000 m 左右。主要植被类型包括杜鹃灌丛、锦鸡儿灌丛、金露梅灌丛、香柏灌丛、小嵩草草甸、杂草类草甸、沼泽草甸、紫花针茅草原、长芒草草原、红景天流石滩稀疏植被和冰川植被 11 种植被类型。根据调查统计，区内共有高等植物约 300 多种，绝大多数为青藏高原成分，高山嵩草草甸是该区域的代表性植被。保护区内野生动物具有青藏高原古北界青藏区羌塘高原亚区的生物区系特征，珍稀、濒危种类较多，兽类主要有野驴、普氏原羚、藏羚羊、棕熊、猞猁、岩羊、盘羊、喜马拉雅旱獭、高原鼠兔等；鸟类主要有黑颈鹤、斑头雁、普通鸬鹚、高山兀鹫、金雕、红隼、藏马鸡、雪鸡、棕头鸥、赤麻鸭等；爬行类主要有红尾沙蜥、西藏沙蜥、达拉克滑蜥和温泉蛇等；鱼类主要有西藏高原鳅、细尾高原鳅、纳木错裸鲤、横裂腹鱼、高原裸鲤等；两栖动物常见有西藏齿突蟾和高山蛙 2 种。纳木错自然保护区拥有完整而特殊的生态系统和地质构造，以及全球稀有的具有高度代表性的气候和地貌，独特的自然条件孕育了大量珍稀、濒危野生动植物群落，为全球生物多样性的保护起了重要作用，同时纳木错地处高海拔的青藏高原，生态环境较为脆弱，湖区抵御外界干扰能力较弱，生态平衡一旦破坏很难恢复，具有重要的科学研究价值和保护价值。

4.5.2.13 青海柴达木梭梭林、诺木洪、克鲁克湖—托素湖自然保护区

（1）概况

图号：XJ013

现有面积：500 000 hm^2

生态系统类型：荒漠生态系统

主要保护对象：梭梭林、鹅喉羚等珍稀动植物及荒漠生态系统

（2）现状

柴达木梭梭林自然保护区位于青海省海西蒙古族藏族自治州德令哈市、乌兰县和都兰县境内，地理坐标为东经 96°07′～97°51′，北纬 36°05′～37°23′。保护区始建于 2000 年 5 月，由青海省人民政府批准建立。

诺木洪自然保护区位于青海省海西蒙古族藏族自治州都兰县境内，地理坐标为东经 96°09′～96°13′，北纬 36°24′～36°36′。保护区 2005 年经青海省人民政府批准建立省级自然保护区。

克鲁克湖—托素湖自然保护区位于青海省海西蒙古族藏族自治州德令哈市境内，2000 年经青海省人民政府批准建立省级自然保护区。

（3）建设理由

这三个保护区隔县界相接壤或距离不超过 5 km，应加强整合，或强化保护区规划和管理上的协调，应尽可能建立生态廊道，加强物种基因的交流，作为同一生态系统晋升国家级自然保护区实现整体保护。

保护区地质位于柴达木地层区，基岩长期以来遭受历次构造运动，断层较为发育，主要包括宗务隆山南缘断裂带、昆北断裂带格尔木隐伏断裂和鄂拉山断裂带，地貌类型多样，

主要有风积地貌、湖积地貌、洪积地貌、干燥剥蚀山地四类。保护区内主要河流有香日德河、巴音河、诺木洪河、察汗乌苏河等，地下水主要包括山地基岩裂隙水、洪积砾石层潜水、洪积—湖积层潜水和自流水等。植被主要为旱生、盐生荒漠和半荒漠植被，根据初步调查统计，全区共有野生植物 50 科 154 属 321 种，优势种类有梭梭、小叶金露梅、木本猪毛菜、驼绒藜、膜果麻黄、蒙古沙拐枣、粗毛柽柳、细叶亚菊、戈壁针茅、大花罗布麻等。保护区动物以荒漠、半荒漠类群为主，共有野生动物 23 目 49 科 119 种，其中鱼类 5种，两栖类 1 种，爬行类 3 种，鸟类 12 目 23 科 77 种，兽类 6 目 15 科 38 种，国家重点保护动物有石貂、荒漠猫、猞猁、棕熊、藏野驴、马鹿、岩羊、胡兀鹫、黑颈鹤和灰鹤等15 种。柴达木梭梭林自然保护区位于我国海拔最高的沙漠，具有世界上分布海拔最高的荒漠特有植被类群，还保存了大面积的天然梭梭林和丰富的野生动物，具有重要的科学研究价值和保护价值。

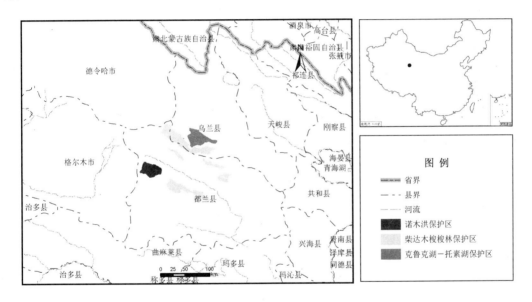

图 4-63　XJ013　青海柴达木梭梭林、诺木洪、克鲁克湖—托素湖自然保护区示意图

4.5.2.14　新疆卡拉麦里自然保护区

（1）概况

图号：XJ014

现有面积：1 589 958 hm²

生态系统类型：荒漠生态系统

主要保护对象：蒙古野驴、鹅喉羚等珍稀濒危动物

（2）现状

卡拉麦里自然保护区位于新疆昌吉回族自治州的阜康市、吉木萨尔县和奇台县的北部与阿勒泰地区的福海县、富蕴县、青河县的南部交接带。地理坐标为东经 88°30′～90°03′，北纬 44°36′～46°00′，1982 年经新疆维吾尔自治区人民政府批准建立。

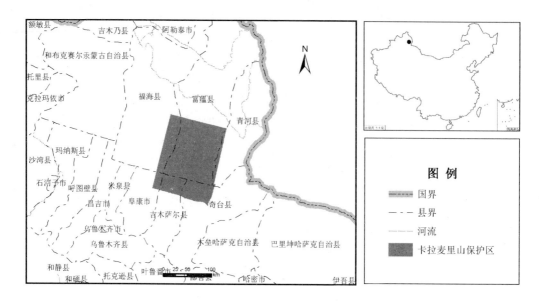

图 4-64　XJ014　新疆卡拉麦里自然保护区示意图

（3）建设理由

保护区地处准噶尔盆地东部古尔班通古特沙漠东缘的低山地区，南部为霍景任里辛沙漠和戈壁，中部为东高西低的卡拉麦里低山系，北部为荒漠低山丘陵带。本区属于中温带大陆性干旱气候，夏季酷热短暂，冬季寒冷漫长。特殊的荒漠生境孕育了独特的荒漠动植物，区内有植物 31 科 101 属 139 种；以野生有蹄类动物普氏野马、蒙古野驴为典型代表的动物有 24 目 58 科 288 种，其中兽类 7 目 15 科 53 种，鸟类 15 目 38 科 220 种，爬行类 2 目 4 科 12 种，两栖类 1 目 1 科 3 种，列入国家Ⅰ级重点保护的野生动物有蒙古野驴、白肩雕等 12 种，国家Ⅱ级重点保护的有兔狲、盘羊等 36 种。该区是我国荒漠生态系统的典型区域，在维持准噶尔盆地区域生态稳定，防风固沙，减缓土地沙漠化速度等方面起着重要的作用。

4.5.2.15　新疆布尔根河狸自然保护区

（1）概况

图号：XJ015

现有面积：5 000 hm²

生态系统类型：内陆水域生态系统

主要保护对象：河狸及其生境

（2）现状

布尔根河狸自然保护区位于新疆维吾尔自治区阿勒泰地区青河县境内，地理坐标为东经 90°27′～91°00′，北纬 46°05′～46°15′。保护区始建于 1980 年，由新疆维吾尔自治区人民政府批准建立。

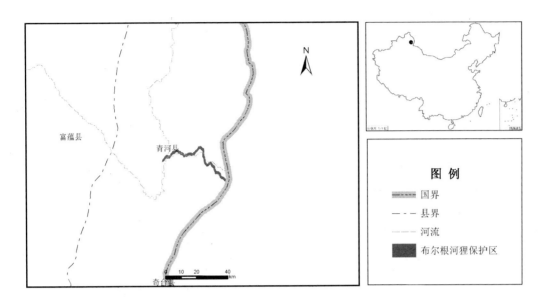

图 4-65 XJ015 新疆布尔根河狸自然保护区示意图

（3）建设理由

保护区地处布尔根河下游，属于侵蚀冲积的河谷地段，河谷两岸地形复杂，地貌属于丘陵地带，地势呈东北高西南低，河谷两侧为山地，海拔在 1 400～1 900 m，山地间夹着狭窄、平坦且闭塞的凹地，整个山麓平原区由东南向西北倾斜。保护区地表水资源丰富，河流主要为自东从蒙古国入境的布尔根河。根据初步调查统计，区内共有野生植物 32 科 159 种，乔木主要为苦杨，灌木主要为油柴柳、三蕊柳、细叶沼柳、沙棘、锦鸡儿等，草本有芦苇、灯芯草、水葱、苔草、香蒲等。区内野生动物资源也很丰富，共有鱼类 4 科 10 种，两栖类 1 科 1 种，爬行类 8 种，鸟类 38 科 214 种，兽类 11 科 46 种，昆虫 8 目 325 种，国家重点保护动物有河狸、黑鹳、金雕、大天鹅、灰鹤、蓑羽鹤、苍鹰、红隼、猞猁、雪豹、马鹿、北山羊等。布尔根河狸自然保护区由于其特殊的自然地理条件，成为我国境内阿尔泰东部山地大面积荒漠中的"湿岛"，在湿地周围一定范围内形成了非常典型的荒漠物种集群现象，成为一些重要野生动物的水源地和食物基地。区内主要保护对象河狸是我国一级重点保护动物，属于欧亚河狸的蒙新亚种，目前仅分布于保护区内的狭窄地区，种群数量稀少，具有重要的保护价值。

4.5.2.16 新疆夏尔西里自然保护区

（1）概况

图号：XJ016

现有面积：31 400 hm²

生态系统类型：森林生态系统

主要保护对象：森林生态系统及珍稀动植物

（2）现状

夏尔西里自然保护区位于新疆维吾尔自治区博尔塔拉蒙古自治州博乐市境内，北以阿拉套山山脊为界与哈萨克斯坦接壤,地理坐标为东经 81°43′~82°33′,北纬 45°07′~45°23′。保护区始建于 2000 年,由新疆维吾尔自治区人民政府批准建立。

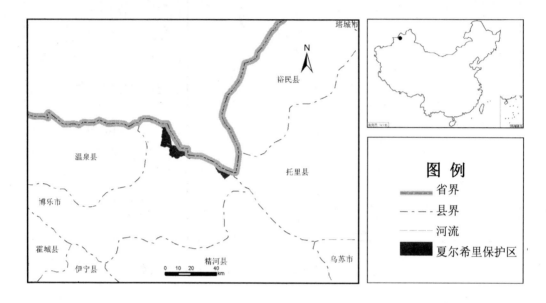

图 4-66　XJ016　新疆夏尔西里自然保护区示意图

（3）建设理由

保护区位于天山支脉阿拉套山山地南坡,山脉呈北东走向,地形北高南低,主要河流为保尔德河,是博乐市的主要水源之一,水质纯净。区内海拔高差大,最高峰海拔 3 670 m,最地处仅 310 m,从高山到平原荒漠各种自然景观复杂多样。根据初步调查统计,全区共有野生维管束植物 81 科 513 属 1 676 种,其中蕨类植物 9 科 14 属 23 种,裸子植物 3 科 3 属 9 种,被子植物 69 科 496 属 1 644 种,国家珍稀濒危植物有雪莲、甘草、肉苁蓉、麻黄、梭梭、红门兰、斑叶兰等,区内还有大型真菌 143 种。保护区共有陆栖脊椎动物 54 科 177 种,其中两栖类 1 目 1 科 1 种,爬行类 1 目 2 科 7 种,鸟类 11 目 37 科 125 种,兽类 6 目 14 科 44 种,国家 I 级重点保护动物有雪豹、北山羊、金雕等 5 种,国家 II 级重点保护动物有棕熊、马鹿、猎隼、黑琴鸡、中亚北鲵等 28 种。夏尔西里自然保护区地理位置独特,自然条件优越,区内人为活动极少,森林生态系统保存完好,孕育了丰富的生物多样性,具有重要的科学研究价值和保护价值。

附件

自然保护区综合科学考察规程（试行）

为规范自然保护区综合科学考察活动，查清自然保护区内生物多样性、自然地理环境、社会经济状况和威胁因素，促进自然保护区的有效保护和科学管理，制定本规程。

1. 适用范围

本规程适用于中华人民共和国范围内所有已建和拟建的自然保护区的综合科学考察工作。

2. 总则

2.1 考察程序

自然保护区综合科学考察包括前期准备、实地调查、数据分析和报告编写四个程序。

2.2 考察周期

自然保护区建立之前，应对拟建区域进行全面系统地综合科学考察。自然保护区建立后，原则上每 10 年应开展 1 次综合科学考察。拟进行范围或功能区调整的自然保护区，应在调整申请之前进行一次综合科学考察。

当遇到突发性重大特殊事件，对自然保护区内生态系统或物种造成严重影响时，应及时开展综合科学考察，了解相关情况。

2.3 考察原则

（1）科学性原则

自然保护区综合科学考察必须坚持严格的科学性，尽可能获取第一手的实测数据，调查、分析、评价应该实事求是。

（2）定量定位与定性定向相结合原则

数据收集以定量定位为主，对于无法定量定位获取的数据，可进行定性定向分析。

（3）重点与全面相结合原则

调查应以自然保护区最具代表性和典型性的区域为重点，同时兼顾各种生境类型和各功能分区。

（4）保护优先原则

考察过程中尽可能不损伤野生动植物，严禁对国家重点保护物种的损伤性采样。

3. 考察前期准备

3.1 资料收集

自然保护区综合科学考察单位应收集自然保护区各类数据资料，包括地形图、水系图、高分辨率遥感卫星图片、功能区划图、物种分布图、植被分布图、地质、气候、水文、土壤等基础资料以及相关文献，初步判断自然保护区土地利用类型、水域利用类型（捕捞、养殖、增殖放流水域）、植被分布范围、动物分布范围、交通线路、居民点分布等情况。

3.2 制定考察方案

自然保护区综合科学考察单位应于科学考察前制定详细的考察方案。

考察方案内容包括确定考察时间表、调查线路、任务分工等。

3.3 考察队伍

自然保护区综合科学考察由相关科研机构、高等院校的专家学者具体实施，自然保护区技术人员应积极参加综合科学考察。

开展综合科学考察前需根据自然保护区特点，组建包含植物学、动物学、生态学、地质学、水文学等相关学科专业技术人员的调查组，并对参加的调查人员进行调查方法的统一培训。

4. 实地调查

4.1 基本内容

自然保护区野外调查主要包括生物多样性、自然地理环境、社会经济状况和威胁因素等专项调查。

调查内容可依据保护区类型、主要保护对象等具体情况进行适当调整。

4.2 生物多样性专项调查

（1）调查范围及指标

生物多样性专项调查范围主要包括植物、动物、遗传资源与生态系统调查。有条件的自然保护区可以开展微生物、昆虫调查。海洋类型自然保护区生物多样性调查可包括浮游生物、底栖生物、游泳动物与大型藻类等，调查方法依据《海洋调查规范》。

植物调查范围包括被子植物、裸子植物、蕨类、苔藓等高等植物以及地衣、大型真菌、藻类等低等植物，以主要保护对象、珍稀濒危及国家重点保护植物为调查重点。调查指标主要包括植被类型、植物地理区系、种类组成、分布位置、种群数量、群落优势种、群落建群种、盖度、频度、生活力、物候期等。

生态系统类型依据《中国植被》，根据群落建群种来确定。

动物调查范围包括兽类、鸟类、爬行类、两栖类、鱼类等脊椎动物以及昆虫、软体动物、环节动物、甲壳动物等低等无脊椎动物，以主要保护对象、珍稀濒危及国家重点保护动物为调查重点。调查指标主要包括动物地理区系、种类组成、分布位置、种群数量、种群结构、生境状况、生态位、重要物种的生态习性等。

遗传资源调查范围包括畜禽特色乡土品种资源、果树、农作物野生近缘种等。调查指标主要包括品种组成、品系特征、资源存量等。

（2）调查方法

植物区系可采用专家咨询和资料检索相结合的方法。植被类型可采用群落优势种直接观测和资料检索相结合的方法。

植物调查应首先在地形图与植被分布图上选设调查线，进行线路踏查，记载所见的植物群落与珍稀濒危种，并对有代表性的群落刺点，然后作群落样地与样方的详细调查。样地和样方的设置可根据不同地理位置、生境、气候带、调查对象（乔、灌、草）和生态系统类型灵活选择，但必须遵守典型取样、完整性和代表性的原则，样地不能小于群落最小面积。

动物调查采用实地调查与资料检索相结合的方法。其中，大型兽类和鸟类采取线路调查法，啮齿类等小型兽类、两栖类、爬行类采取食物诱捕或直接捕捉法，鱼类采取渔获物法，昆虫、软体、环节等低等无脊椎动物采取直接捕捉法。

遗传资源调查采用实地调查、资料检索与专家咨询相结合的方法。

表1　生物多样性调查方法

调查内容	调查指标	调查方法
植物	植物地理区系	专家咨询和资料检索法
	植被类型	优势种直接观测和资料检索法
	种类组成	样地和样方法
	盖度	样地和样方法
	密度	样地和样方法
	频度	样地和样方法
	优势种/建群种	样地和样方法
	其他指标	
动物	动物地理区系	专家咨询和资料检索法
	大型兽类和鸟类种类组成	线路调查法
	啮齿类等小型兽类、两栖爬行类种类组成	食物诱捕或直接捕捉法
	鱼类种类组成	渔获物法
	昆虫、软体、环节等低等无脊椎动物种类组成	直接捕捉法
	分布位置	资源密度法
	种群数量	资源密度法和模型估算法
	其他指标	
遗传资源	品种组成	实地调查和资料检索法
	品系特征	实地调查和专家咨询
	资源存量	实地调查和专家咨询
	其他指标	

注：实地调查中，指标与方法可因地制宜、因时制宜，灵活选择。

4.3 自然地理环境专项调查

（1）调查范围及指标

自然保护区自然地理环境专项调查范围包括地质、地貌、气候、水文、土地利用、土壤、地质遗迹、自然景观等。自然遗迹类自然保护区必须对区域地质背景、自然遗迹的形成条件和形成过程、自然遗迹类型和分布范围、自然遗迹的价值意义等内容进行重点调查。海洋自然保护区调查范围包括岸滩、海域与海岛自然地理条件、海域环境质量等。

调查指标主要包括地质构造类型及其分布地点、海拔高度（尤其最高与最低海拔高程点）、地貌类型、土壤类型及其分布规律、年均温、绝对最高与最低温、活动积温、气候突变、年均降水量、洪旱灾害、河流分布与年径流量、平原地区的地下水位、湖泊水位变化与水源、河床地形地貌、水质状况等。

（2）调查方法

自然地理环境专项调查采用野外调查和资料检索相结合的方法。气候、水文等资料可以从附近的气象站、水文站和生态监测站等收集，但应注明资料年份和该站的地理位置。

以自然遗迹（地质遗迹）为主要保护对象的自然保护区应当采用野外调查法对自然遗迹、地质、地貌等内容开展详细的调查。

表 2　自然地理环境调查方法

调查内容	调查指标	调查方法
地质地貌	地质构造	专家咨询和资料检索法
	岩石种类	野外观测和资料检索法
	地貌类型	野外观测和资料检索法
	地质遗迹	野外观测和资料检索法
	海拔	直接测量法
土　壤	土壤类型	实地调查和资料检索法
	成土母质种类	实地调查和资料检索法
	泥炭层厚度	直接测量法
气　候	降水量和蒸发量	实际测量和气象站资料收集法
	气温	实际测量和气象站资料收集法
	无霜期	实际测量和气象站资料收集法
	积温和日照时数	实际测量和气象站资料收集法
水　文	河流名称	资料收集法
	径流量	三角形量水堰测流法和水文站资料收集法
	地表水位	实际测量和水文站资料收集法
自然景观	景观类型	野外观测和专家咨询法
其他指标		

注：实地调查中，指标与方法可因地制宜、因时制宜，灵活选择。

4.4 社会经济状况专项调查

（1）调查范围及指标

自然保护区社会经济状况专项调查范围包括自然保护区及周边社区的经济、人口、土地利用等。

调查指标主要包括总人口、农业总产值、工业总产值、土地利用类型、交通状况、水域利用类型及面积、水域权属等。除常规指标外，也可选取年人均收入、保护区内土地权属与国有、集体土地各占面积数、河流与湖泊受污染情况、污染源、区内与周边工厂、矿山分布情况。海洋自然保护区可包括海域使用类型与面积、海域使用权属等。

（2）调查方法

社会经济状况专项调查采用资料调研和走访调查相结合的方法。通过查阅相关主管部门的有关统计资料，以行政村为基本单位，记录自然保护区周边地区和本地社区内的乡镇、行政村名称及其社会经济发展状况，包括土地面积、耕地等土地利用类型及范围、土地权属、人口、工业总产值、农业总产值、第三产业产值。社会经济状况应注明统计资料年代。

表3　社会经济状况调查方法

调查内容	调查指标	调查方法
人　口	城镇及行政村范围面积	实地调查和资料收集法
	人口数量及分布	实地调查和资料收集法
	少数民族情况	专家咨询和资料检索法
土　地	土地利用类型及面积	实地调查和资料检索法
	土地权属情况	实地调查和资料检索法
社会经济	保护区及周边地区的GDP	资料收集法
	第一产业总产值	资料收集法
	第二产业总产值	资料收集法
	第三产业总产值	资料收集法
社会经济	与保护区相关的主要产业	实地调查和资料收集法
文化教育	学校分布及数量	实地调查和资料检索法
交　通	道路分布及数量	实地调查和资料检索法
通讯和电力	输电线路分布及数量	实地调查和资料检索法
	通讯线路分布及数量	实地调查和资料检索法
其他指标		

注：实地调查中，指标与方法可因地制宜、因时制宜，灵活选择。

4.5 保护区威胁因素专项调查

（1）调查范围及指标

自然保护区威胁因素专项调查范围包括自然保护区内生境退化、外来物种入侵、生态旅游活动、资源利用状况等。

调查指标主要包括基础设施建设（公路铁路水利等）、村镇建设、环境污染、土壤沙化、盐碱化；外来入侵物种的种类组成、传入途径、种群数量、危害程度；旅游规模、开展方式、旅游影响；围垦（湿地或草原）、过度放牧、采集、滥捕乱猎等。

（2）调查方法

保护区受威胁因素专项调查采用实地调查和资料收集相结合的方法。

表 4 威胁因素调查方法

调查内容	调查指标	调查方法
生境退化	基础设施建设	实地调查和资料收集法
	村镇建设	实地调查和资料收集法
	环境污染	实地调查和资料收集法
	土壤沙化、盐碱化	专家咨询和资料收集法
外来入侵物种	种类组成	实地调查和资料收集法
	传入途径	实地调查和资料收集法
	种群数量	实地调查和资料收集法
	危害程度	实地调查和资料收集法
	生态位	实地调查和资料收集法
生态旅游	旅游规模	实地调查和资料收集法
	开展方式	实地调查和资料收集法
	旅游影响	实地调查和资料收集法
资源利用	围垦	实地调查和资料收集法
	过度放牧、采集	实地调查和资料收集法
	滥捕乱猎	实地调查和资料收集法
其他指标		

注：实地调查中，指标与方法可因地制宜、因时制宜，灵活选择。

5. 数据处理分析

5.1 数据记录

综合科学考察调查记录的相关数据，必须采用法定计量单位，只保留一位可疑数字，有效数字的位数应根据计量器具的精度的示值确定，不得随意增添或删除，有效数字的计算修约规则按 GB8170 执行。采样、计算失误造成的离群数据和异常值的判断和处理执行 GB4883。平行样品的测定结果用平均数表示，并给出标准差和标本数。

5.2 数据处理

综合科学考察的数据汇总、信息管理和制图必须通过数据库和 GIS 软件进行。空间数据的存储格式为 ArcGIS 的 Shapefiles。自然保护区综合科学考察需建立包括全部调查因子的数据库及管理系统。调查数据采用 Excel 软件记录，各自然保护区的调查资料数据及统计结果应以统一格式输入数据库。

5.3 综合评价

综合科学考察结束后，必须对自然保护区内生物资源、自然地理环境、社会经济状况和保护价值进行综合评价，尤其是对主要保护对象的动态变化和保护成效应进行专门评价，分析其威胁因素、功能区划的合理性、管理的有效性、生态系统服务功能等内容。分析应尽量做到定位、定量。

6. 报告编写

综合科学考察结束后，编写自然保护区综合科学考察报告。考察报告的编写提纲参见附录。

综合科学考察报告必须附有自然保护区动植物名录和相关成果图。

（1）野生动植物名录

野生动植物名录必须按照数据库要求，注明物种中文名、拉丁名、发现的地理位置和时间、数据来源、国家重点保护物种的等级与种群数量等内容。其中，数据来源指该条物种数据是否来源于活体生物、标本、照片摄影、文献资料等等。文献资料应注明作者、资料名称、刊物名称、出版时间等。

（2）成果图

相关成果图应根据调查成果，利用计算机和 GIS 软件制作。相关成果图的底图应得到行业主管部门认可，带有准确的经纬度网格，标注保护区及其周边城镇村庄、交通线路、河流和山峰等地理特征，图面投影应符合国家规定，专题图比例尺一般应大于 1：25 万。

专题成果图包括：

①自然保护区位置图*；

②自然保护区地质分布图；

③自然保护区水文水系图；

④自然保护区地形图*；

⑤自然保护区植被图*；

⑥自然保护区重点保护对象（动物、植物）分布图*；

⑦自然保护区功能区划图*；

⑧自然保护区土地利用现状图*；

⑨自然保护区基础设施分布图；

⑩自然保护区海域使用现状图。

注：*表示必须提交的成果图。

7. 标本保存

除珍稀濒危植物外，自然保护区内有分布的野生植物应采集一份腊叶标本作为凭证标本，同时拍摄数码照片，归档保存。区内有分布的珍稀濒危野生植物（含国家重点保护和数量极其稀少的小种群野生植物）原则上不得采集标本，仅拍摄数码照片作为凭证标本，并用 GPS 定位，归档保存。

除珍稀濒危动物外，自然保护区内有分布的野生动物可制作一份剥制标本或浸制标本，并拍摄数码照片，归档保存。区内有分布的珍稀濒危野生动物（含国家重点保护和数量极其稀少的小种群野生动物）原则上不得采集标本，仅拍摄活体或痕迹照片作为凭证标本，并用 GPS 定位，归档保存。

综合科学考察中采集的动植物的标本至少应有一份保存在自然保护区管理机构。

附录一：

自然保护区综合科学考察报告编写提纲

前言

第1章 总论

    1.1 自然保护区地理位置

    1.2 自然地理环境概况

    1.3 自然资源概况

    1.4 社会经济概况

    1.5 保护区范围及功能区划

    1.6 综合评价

第2章 自然地理环境

    2.1 地质概况

    2.2 地貌的形成及特征

    2.3 气候

    2.4 水文

    2.5 土壤

第3章 植物多样性

    3.1 植物区系

    3.2 植被

    3.3 植物物种及其分布

    3.3.1 被子植物

    3.3.2 裸子植物

    3.3.3 蕨类植物

    3.3.4 苔藓植物

    3.3.5 大型真菌

    3.3.6 其他植物资源

    3.4 珍稀濒危及特有植物

第4章 动物多样性

    4.1 动物区系

    4.2 动物物种及其分布

    4.2.1 哺乳类

    4.2.2 鸟类

    4.2.3 爬行类

    4.2.4 两栖类

    4.2.5 鱼类

    4.2.6 昆虫

    4.2.7 其他动物

注：*自然遗迹类自然保护区应将第 5 章作为重点，其他类型自然保护区可不编写此章。海洋自然保护区植物资源与动物资源根据海洋生物多样性特点编写。

附录二:

自然保护区综合科学考察相关附表

附表1 ××自然保护区植被类型表

序号	植被型组	植被型	群 系	群 丛	备 注

注: 植被类型依据《中国植被》(吴征镒,1980),划分为植被型组、植被型、植被亚型、群系组、群系、亚群系、群丛组、群丛。

附表2 ××自然保护区野生植物科属种统计表

序 号	科	属	种	备 注
被子植物				
裸子植物				
蕨类植物				
苔藓植物				
地 衣				
大型真菌				
藻 类				

注: 湿地类型自然保护区可单列"水生动植物统计表"。

附表3 ××自然保护区野生植物名录

序号	科 名	属 名	中文名	拉丁学名	分布地点	最新发现时间	数据来源

注: 数据来源指该物种数据是否来源于活体、文献资料、标本、照片摄影等。文献资料应注明作者、资料名称、刊物名称、出版时间等。

附表4 ××自然保护区野生动物目科种统计表

序 号	目	科	种	备 注
兽 类				
鸟 类				
爬行类				
两栖类				
鱼 类				
昆 虫				
软体动物				
环节动物				
甲壳动物				
其 他				

注: 昆虫等无脊椎动物可根据保护区实际情况适当选择。

附表 5　××自然保护区野生动物名录

序号	目	科　名	中文种名	拉丁学名	最新发现时间	数量状况	数据来源

注：1. 数量状况：用"＋＋＋＋"、"＋＋＋"、"＋＋"和"＋"表示。
　　2. 数据来源指该物种数据是否来源于活体生物、文献资料、标本、粪便毛发等痕迹、照片摄影等。文献资料应注明作者、资料名称、刊物名称、出版时间等。

附表 6　××自然保护区自然地理环境调查表

自然保护区		
地　质	地质构造	
	主要岩石种类	
地　貌	主要地貌类型	
	海　拔（m）	
土　壤	土壤类型	
	泥炭厚度（仅沼泽类型）	1 薄层　　2 厚层　　3 超厚层
	备注：	
自然遗迹	自然遗迹类型	
自然景观	景观类型	
气象要素	年均降水量（mm）	变化范围
	年均蒸发量（mm）	变化范围
	年均气温（℃）	变化范围
	多年平均无霜期（天）	变化范围
	≥0℃年均积温	≥10℃年均积温
	备注及资料来源：	

附表 7　××自然保护区社会经济状况调查汇总表

××自然保护区社　区	土地总面积（km²）	总人口（万人）	人口密度（人/km²）	保护区主要产业	工业总产值（万元）	农业总产值（万元）	第三产业总值（万元）
乡镇或行政村							

附表 8　××自然保护区受威胁现状调查表

序号	威胁因子	起始时间（年）	影响面积（hm²）	已有危害	潜在威胁
1	建设项目				
2	围垦和开荒				
3	村镇建设				
4	旅游活动				
5	环境污染				
6	过度渔猎和采集				
7	外来物种入侵				
8	病虫害				
9	盐碱化				
10	沙漠化				
11	水源缺乏				
12	其　他				

受威胁状况等级评价：

附录三：

术语定义

1 自然保护区

指对有代表性的自然生态系统、珍稀濒危野生动植物物种的天然集中分布区、有特殊意义的自然遗迹等保护对象所在的陆地、陆地水域或者海域，依法划出一定面积予以特殊保护和管理的区域。

2 综合科学考察

指组织相关专业技术人员对某一区域内的地学（地理、地质等）、生物学（动物、植物等）、自然资源（气候、水系等）、自然环境及社会经济状况进行的科学、系统的实地调查。

3 自然保护区周边地区

指与自然保护区相接壤的所有乡镇。

4 自然保护区当地社区

指位于自然保护区内的所有行政村。

5 优势种

指生态系统或群落中，数量多、出现频率高的物种。

6 盖度

指植物地上部分的垂直投影面积占样地面积的百分比。

7 频度

指某物种在全部调查样方中出现的百分率。

8 密度

指单位面积上某物种的个体数目。